1911 GOVERNMENT 거버먼트 마니악스

KB016484

CONTENTS

COLT GOVERNMENT MARK IV SERIES 70 6
Yasunari Akita

Master the basics of 1911 10
SHIN

Jim Boland 9mm Major 18
Hiro Soga

HISTORY OF 1911 - 1911 탄생에서 현재까지 28
Satoshi Matsuo

Infinity 5.4″ Barrel 62
Yasunari Akita

세미커스텀 1911의 결정판 **WILSON COMBAT CQB** 68
SHIN

Custom 1911 74
Hiro Soga
· Steve Nastoff "Super Comp"
· Steve Morrison Custom
· Les Baer Custom Premier II

1911 Race Guns 86
Yasunari Akita
· BRILEY SIGNATURE SERIES .40S&W LIMITED MODEL
· BRILEY VERSATILITY PLUS .45ACP
· PAUL LIEBENBERG TACTICAL TWOTONE
· BRILEY LINKLESS PLATEMASTER
· LIEBENBERG .38 SUPER MASTER
· HUENING BIANCHI MODULAR
· HUENING .38 SUPER COMPETITION
· SPECIAL EDITION DAMASCUS PLATEMASTER
· HUENING STEEL GUN

1911의 베리에이션 96
Satoshi Matsuo
· Bob Chow Special 96
· DETONICS 100
· Springfield Armory 104
· Kimber 106
· Para Ordnance 108
· Smith & Wesson 110
· SIG Sauer 112
· NIGHTHAWK CUSTOM 114

SHOT SHOW 2017에 전시된 19111 116
Yasunari Akita / Satoshi Matsuo

1911의 관리와 분해방법 122
SHIN

1911 제조공급 업체 목록 128
Satoshi Matsuo

1911 TOYGUN PICKUP 130
· 웨스턴암즈 매그나 블로우백 M1911 시리즈 130
· KOBA GM-7.5 시리즈 136
· 엘란 1911 모델건 140
· 1911 홀스터 & 매거진 파우치 콜렉션 142

Photo:Yasunari Akita

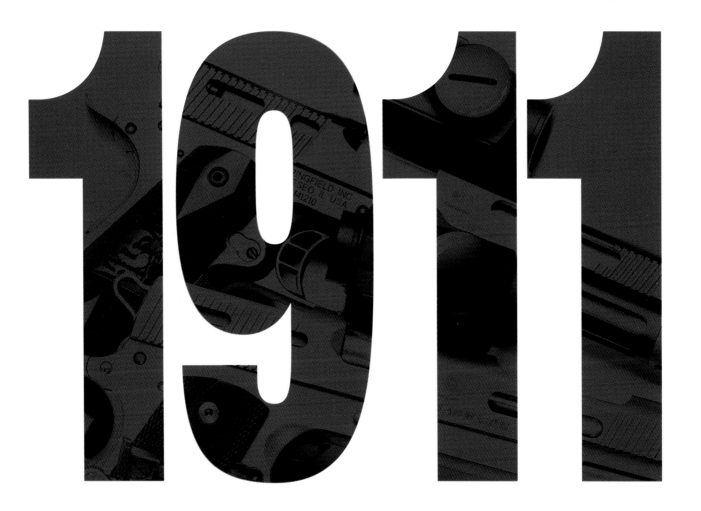

1911년 3월 29일 미 육군 제식 권총으로 45구경 콜트 자동권총이 채용되었다. 그로부터 100년이 훨씬 넘게 지난 지금도 모델 1911의 발전형이 그때와 마찬가지로 제 1급 전투용 권총으로 활약하고 있다는 사실은 놀라운 일이다. 현대의 1911은 각 부분에 개량이 가해져 사용성 측면에서 크게 향상되었다. 하지만 기본구성 만큼은 106년 전의 최초의 1911에서 조금도 달라지지 않았다. 현대 권총의 주류는 폴리머 프레임의 스트라이커 격발 방식 권총이지만 1911 시리즈는 그러한 흐름과는 별개로 계속해서 사용되고 있다.

거버먼트는 제조사인 콜트가 제식 군용 권총 M1911의 민간시판 모델에 붙인 상품명이다. 1980년 대에 특허권이 종료되며 클론 제품이 쏟아져 나왔을 때에도 그 중 몇 제품은 이름에 거버먼트를 넣기도 했다. 현재는 콜트 이외에 거버먼트의 호칭을 사용하는 경우는 찾아보기 어렵다. 일본에서는 1911계열, 또는 그와 같은 클론 권총들을 거버먼트라고 부르는 경우가 많으나 미국 등 영어권에서는 '1911(Nineteen Eleven)'이라고 부르는 것이 일반적이다. 이 책에서는 일반적인 경우 1911을 사용하며 상품명으로 '거버먼트'를 언급할 경우에 한해서 '거버먼트'라 표기하고 있다.

COLT'S GOVERNMENT MODEL

70S17417

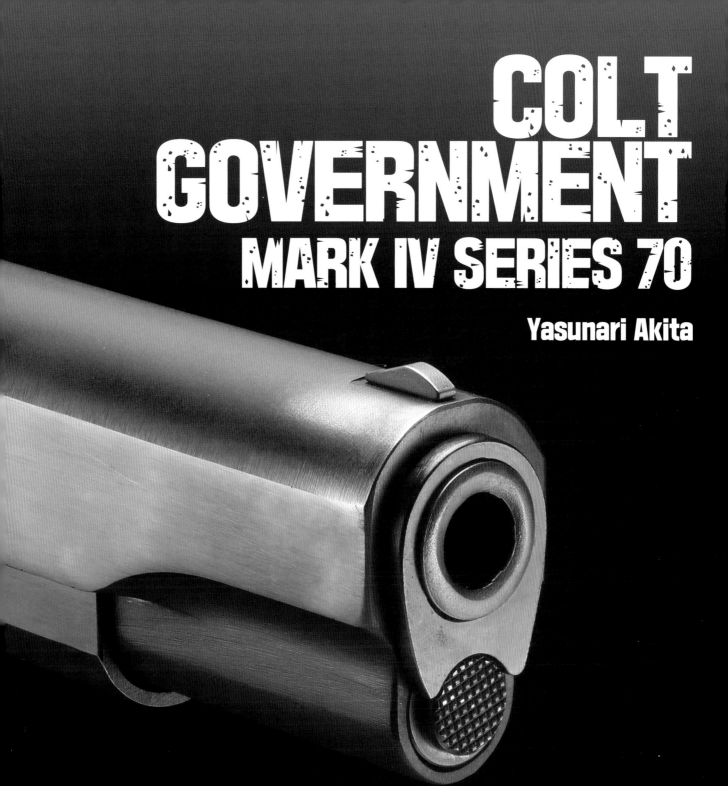

COLT GOVERNMENT
MARK IV SERIES 70

Yasunari Akita

Colt's Manufacturing Company LLC는 Colt's Patent Fire Arms Manufacturing Company라 불렸던 1911년부터 100년이 넘는 세월 동안 모델 1911과 그 발전형을 만들어 왔다. 동사가 제조한 1911 시리즈 중에서도 가장 균형이 잘 잡혀있으며 매력적인 모델을 꼽으라면 아마도 1970년대의 콜트 거버먼트 마크 IV 시리즈 70을 꼽을 수 있지 않을까?

이 시기는 아직 많은 수의 총기 제조 전문가들이 콜트에 몸을 담고 있던 시기였으며, 자부심을 가지고 제조업무에 임하던 때이다. 거기에 수준 높은 외관 마감처리를 추구하던 콜트 사는 일반 제품인 거버먼트일지라도 여술품에 가깝게 완성했다.

하지만 시리즈 70은 70년대부터 80년대에 걸쳐 사용자가 손맛에 맞게 개조하는 커스텀 작업의 베이스로 활용된 경우가 많았기 때문에 공장에서 나온 원형 그대로를 유지한 경우는 찾아보기 힘들다. 필자 주변에도 원형의 모습을 그대로 간직한 시리즈 70을 보유한 사람은 한 사람 뿐으로, 이것이 그 귀중한 1정이다.

실용성을 중시한 현대의 개량형 1911과 비교해 본다면, 뭐라 말하기 어려운 "품격"을 느낄 수 있을 것이다.

COLT GOVERNMENT MARK IV SERIES 70

~1911을 마스터하자~

자동권총은 각기 다른 모델이더라도 대개는 비슷한 방법으로 조작하도록 되어 있으며, 탄창에 탄을 채우고, 총기의 탄창 삽입구에 끼워넣은 다음, 슬라이드를 조작하여 초탄을 약실에 밀어 넣는 것으로 사격준비가 끝난다는 점이 바로 그렇다. 1911도 이와 같은 조작법으로 사격을 진행할 수 있는데, 미국의 총기 애호가들이 고안해낸 독자적인 조작법을 통해 1911의 이점을 살리고 약점을 보완, 더욱 효율적인 사격을 진행할 수 있다. 미국에서 1911을 마스터한다는 것은 한 사람의 총기 사용자로서 일정 이상의 수준에 오른 것이라고 봐도 좋을 것이다. 여기서는 1911의 조작법과 그 특징에 대해 소개하고자 한다.

TEXT&PHOTO : SHIN

컨디션

총기의 약실, 공이치기, 안전장치 등의 상태를 컨디션Condition이라 일컫는다. 컨디션 0~4까지 5가지의 장전상태가 있는데, 총기 사용자 사이에서는 "나는 컨디션 1으로 휴대한다"라는 식으로 말한다. 각 상태는 아래와 같다.

● **컨디션 0:** 약실에 초탄 장전, 공이치기 후퇴, 안전장치 해재된 상태.
● **컨디션 1:** 약실에 초탄 장전, 공이치기 후퇴, 안전장치는 걸려 있는 상태.

● **컨디션 2:** 약실에 초탄 장전, 공이치기 전진, 안전장치는 해제된 상태.
● **컨디션 3:** 약실이 비어 있으며 공이치기가

전진해 있고 탄창이 비어있는 상태
● **컨디션 4:** 약실이 비어 있으며 공이치기가 전진해 있고 탄창이 끼워져 있지 않은 상태

▲「컨디션 0」 상태의 1911

▲「컨디션 4」 상태의 1911

로드

총기에 탄창을 결합, 탄을 약실에 밀어 넣는 행위를 '로드Load, 장전'라고 한다. 자동권총은 약실에 탄을 장전하지 않으면 쏠 수가 없다. 총에 탄창을 장전할 때에는 확실하게 눈으로 확인하여 탄창의 각도와 위치를 맞춰야 한다. 또한 장전하는 동안 방아쇠에 손가락을 걸치지 않도록 주의하여 오발을 방지해야 한다.

◀탄창을 잡은 손의 검지로 탄창 앞부분을 받쳐주며 권총손잡이의 탄창 삽입구에 밀어넣는다.

◀탄창 밑바닥을 손바닥으로 가볍게 쳐서 밀어넣는다. 장전된 탄창은 스프링이 총탄에 눌린 상태여서 장전 마지막 부분에 약간의 저항이 있다.

▲슬라이드를 뒤로 완전히 젖혀준다. 슬라이드를 확실하게 마지막까지 젖혀 탄창 맨 위의 총탄이 약실에 들어가도록 하지 않으면 폐쇄불량이 일어난다.

▲슬라이드 앞부분에 요철가공이 되어 있을 경우 손으로 그 부분을 잡는 것도 좋다.

▲슬라이드에서 손을 떼고 복좌 스프링의 힘으로 초탄을 약실에 넣는다. 이때 오른손 검지는 슬라이드 전진의 충격으로 방아쇠를 당기는 오발 사고를 방지할 수 있도록 방아쇠 울 밖에 걸쳐둔다. 사격할 때 이외에는 검지를 곧게 펴서 방아쇠에 닿지 않도록 한다.

basics of 1911

프레스 체크

▲슬라이드를 살짝 뒤로 젖혀서 약실에 확실하게 총탄이 장전되어 있는가를 확인하는 행위를 프레스 체크Press Check라고 한다. 왼손으로 슬라이드를 젖히는 동안 검지로 슬라이드의 탄피 배출구 아랫부분을 눌러준다. 어두운 장소에서는 약실 내 총탄의 유무 여부를 오른손 엄지로 직접 만져서 확인한다.

▲슬라이드 앞부분에 요철가공이 되어있을 경우, 왼손으로 총몸 아래쪽에서 감싸 쥐듯 슬라이드를 잡아서 뒤로 살짝 젖혀주면 약실 내 초탄을 눈으로 확인할 수 있다.
프레스 체크가 끝나면 슬라이드를 확실하게 전진시켜준다.

언로드

◀장전된 탄을 총에서 빼는 것을 언로드(Unload)라고 한다.
우선 안전장치를 건 상태에서 탄창멈치를 누른 후 탄창을 뽑아낸다.

◀슬라이드를 조작하여 약실 안의 총탄을 뽑아낸다. 슬라이드를 당기면 약실 내의 총탄이 튕겨져 나오는데 이때 탄피 배출구로 약실 내부를 눈으로 보며 확실하게 추출되었는지를 확인한다.

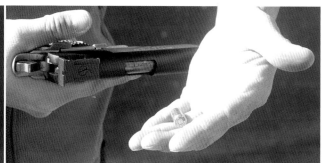

▲약실 내의 총탄이 튕겨져 나올 때 땅에 떨어지지 않게 하고 싶다면 손바닥으로 탄피 배출구를 가리는 형태로 슬라이드를 조작한다. 이때 탄피 배출구와 손바닥 사이에는 충분한 공간이 있어야 한다. 슬라이드를 뒤로 젖히면 탄피 갈퀴에 밀린 총탄이 손바닥 안으로 추출된다. 다만, 이때 경우에 따라서는 총탄을 추출할 때 차개가 뇌관을 때려서 격발될 가능성도 있다. 이렇게 되면 손에 부상을 입게 되므로 이 방법으로 약실을 비울 때에는 위험성에 대해 확실히 이해하고 있어야 한다.

세이프티

1911에는 복수의 안전장치Safety가 장비되어 있다. 손잡이 안전장치Grip safety는 방아쇠를 고정하며 손잡이(그립)를 쥐는 것으로 자동적으로 해제된다. 슬라이드 안에 공이 안전장치를 내장하는 경우도 있다. 이것은 공이를 고정하여 방아쇠나 손잡이 안전장치의 움직임과 연동되어 자동으로 해제된다. 사용자가 자신의 의지로 조작할 필요가 있는 것은 손잡이 뒷쪽에 위치하여 엄지손가락으로 조작할 수 있는 안전장치Thumb Safety 정도이다.

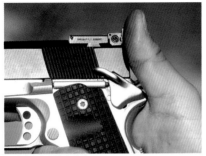
▲안전장치가 걸린 상태.

▲안전장치가 해제된 상태.

▲양면 안전장치Ambi Safety가 장비된 1911이라면 왼손 엄지 손가락으로도 조작할 수 있다.

그립

그립Grip은 손잡이와 파지법의 두 가지 의미가 있다. 자동권총 파지법의 기본은 자연스럽게 목표를 겨냥하고 방아쇠와 손잡이가 정확한 위치에서 닿게 하는 크기와 형태의 손잡이를 고르고 손과 손잡이가 최대한 넓은 면적이 닿게 하는 것이다. 1911은 손잡이 덮개의 두께, 손잡이 뒷쪽을 덮는 메인 스프링 하우징 부품의 형태, 방아쇠의 길이와 모양을 변경하여 다양한 손모양에 맞춰 조정할 수 있다.

▲오른손 엄지는 안전장치 위에 얹어서 확실하게 눌러준다. 왼손은 손잡이 왼쪽의 비어있는 넓은 부분 전체를 확실하게 감싸서 총몸을 오른손으로 끼워넣듯이 고정해준다.

▲오른손으로 손잡이의 윗부분을 완전히 감싸듯 쥐어준 다음. 검지 제1관절 부분이 방아쇠 전면에 걸쳐지도록 하여 곧바로 뒤로 당길 수 있는 위치에 맞춘다.

▲오른손 만을 사용한 파지법. 엄지 손가락으로 안전장치를 누르는 것을 알 수 있다. 왼손은 몸에 밀착하여 안정시킨다.

▲왼손 만을 사용한 파지법. 쥐는 방법은 오른손일 때와 같다. 양면 안전장치가 장비된 총기가 아니라면 왼손으로 안전장치를 조작할 수 없다. 총을 오른쪽 눈 앞으로 가져오더라도 가급적 위치는 유지하도록 한다.

▲1발만 쏜다면 가늠자와 가늠쇠를 맞추고 방아쇠를 당기기만 하면 되므로 파지법이나 자세 등은 그다지 문제가 되지 않는다. 하지만 정확한 연사를 위해서는 반동에 의해 총이 흔들리더라도 즉시 같은 자세로 돌아올 수 있어야 하는데, 이를 위해서는 반동에 의해 파지법이 변하거나 자세가 변하지 않도록 파지법과 자세를 몸에 익히는 것이 중요하다.

휴대 방법

장전된 상태인 5인치 풀사이즈 1911의 무게는 1,400g 정도이다. 따라서 이를 휴대하기 위해서는 본격적인 홀스터와 벨트가 필요한데, 홀스터에는 매우 다양한 제품이 있으므로 자신의 목적에 맞게 휴대 방법을 선택해야 한다.

▶ 컴택Comp-Tac 홀스터를 나일론제 벨트에 장착한 상태. 카이덱스 수지 제품으로 필자가 USPSA/IDPA 경기용으로 사용하는 제품이다. 신속하게 뽑기 좋도록 총구가 수직으로 아래방향을 향하는 각도로 이루어져 있으며 몸의 3시 방향에 착용한다. 총 손잡이가 몸과 거리가 있어서 신속하게 총을 뽑을 수 있지만 그 대신 은닉성은 다소 떨어진다.

▲갤코 사의 벨트 홀스터와 벨트. 15°의 각도가 적용된 FBI 캔트라 불리우는 디자인으로 몸의 4시에서 5시 방향에 착용한다. 각도와 함께 손잡이가 몸에 밀착되는 디자인으로 은닉성이 높다.

▲밀트 스파크 사의 IWB(인사이드 웨스트 밴드) 홀스터. 바지 안쪽에 고정하는 디자인으로 매우 높은 은닉성을 보장한다. 20° 각도가 적용되어 있으며 몸의 5시 방향에 착용한다.

사격준비

▲홀스터마다 스타일과 위치는 다르겠지만 사격준비 자세의 기본은 동일하다. 가장 중요한 것은 사격준비draw와 사격해제Reholster, 총을 홀스터에 돌려놓는 동작 진행 시 방아쇠에 손가락이 닿지 않게 하는 것이다.

▲홀스터 안에 총이 있는 상태에서 확실하게 쥔 다음 안전장치 위에 엄지 손가락을 올린다. 다만 아직 안전장치를 풀어서는 안된다.

▲손잡이를 위로 뽑아 올린다. 방아쇠가 홀스터에서 노출되며 이때 검지 손가락을 슬라이드에 밀착시킨다. 왼손은 총구 앞에 놓이지 않도록 몸에 붙인다.

▲총구가 앞을 향하도록 총을 들어올리며 왼손으로 오른손을 감싸준다. 이를 통해 총을 발사하더라도 왼손에 맞을 위험성이 없어지므로 이때 안전장치를 해제한다.

▲▶왼손으로 오른손과 손잡이를 감싸쥐듯이 총을 고정한다. 표적에 총구가 향한 시점에서 방아쇠에 검지 손가락을 올리면 발사준비가 끝난 것이다.

리로드

장탄수가 적은 1911은 확실한 재장전Reload과 속도, 탄약관리가 매우 중요하다. 1911의 실전적인 재장전은 '하지 않으면 안되는 재장전'과 '자신의 타이밍에 맞춘 재장전'의 2가지로 분류할 수 있다. 하지 않으면 안되는 재장전은 총에 탄약이 떨어져서 바로 재장전하여 사격을 지속하지 않으면 안 될 때의 재장전으로, 흔히 긴급 재장전Emergency Reload이라 부른다. 자신의 타이밍에 맞춘 재장전은 신속재장전Speed Reload과 전술 재장전Tactical Reload이라 불리며, 상황에 맞춰서 아직 탄약이 남아있는 총의 탄창을 완전장전된 예비 탄창으로 교환하기 위한 재장전 방법이라 할 수 있다.

긴급 재장전

▲1911은 마지막 탄을 발사한 후 슬라이드 멈치에 의해 슬라이드가 후퇴한 상태로 고정된다. 이를 통해 사용자는 총에 탄이 없음을 알 수 있다.

◀긴급 재장전은 빈 탄창을 버리고 탄창 주머니에서 장전된 예비 탄창을 꺼내는 것에서부터 시작된다. 예비 탄창은 탄이 몸 앞쪽을 향하도록 휴대하며, 탄창 주머니는 검지손가락으로 탄창 전체를 누르고 손바닥으로 탄창 바닥을 확실하게 받쳐서 탄창을 꺼내고 집어넣을 수 있는 디자인의 제품을 고른다.

▶먼저 방아쇠에서 손가락을 떼서 슬라이드와 나란히 놓이게 한 후 총을 비스듬히 눕혀서 든다. 엄지손가락으로 탄창멈치를 확실하게 눌러 탄창이 중력에 의해 총에서 빠지면서 아래로 떨어지게 한다. 만약 총이나 탄창이 더럽혀져 있는 경우 탄창이 빠지지 않을 수도 있다.

예비탄창을 든 손의 검지손가락으로 탄창 삽입구에 탄창을 맞춰 넣는다. 총에서 아직 빈 탄창이 아직 빠지지 않았다면 손가락을 이용하여 탄창을 빼낸다.

▲한 번에 밀어넣은 후 손바닥으로 탄창 밑바닥을 가볍게 때리는 감각으로 탄창을 총에 고정시켜 준다.

▲엄지손가락으로 슬라이드 멈치를 해제한다.

슬라이드를 전진시켜 탄약을 장전한다.

탄약 재장전 과정이 완료되면 총을 다시 세워 잡은 후 사격을 재개한다.

신속 재장전

▲먼저 예비탄창의 여부를 확인한다.

▲탄창 멈치를 누르고 잔탄이 얼마 안 남은 탄창을 버린 뒤, 동시에 완전 장전 상태의 예비 탄창을 탄창 주머니에서 뽑아낸다.

◀예비 탄창을 삽입하면 완전 장전 상태가 된다. 신속하게 실시할 수 있지만, 잔탄이 남은 탄창을 버리게 된다.

전술 재장전

◀완전 장전 상태의 예비탄창을 꺼낸다.

▶탄창 멈치를 누르고 잔탄이 얼마 안 남은 기존 탄창을 총에서 절반 정도만 뽑아낸다. 이 상태에서 왼손 손바닥으로 기존 탄창의 밑바닥을 받쳐준다.

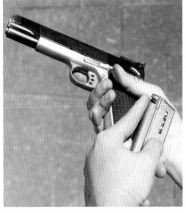

◀탄창을 교환하는 손의 손목을 돌려서 중지와 약지 사이에 기존 탄창을 잡는다.

▶잔탄이 얼마 안 남은 기존 탄창을 총에서 완전히 뽑아낸다.

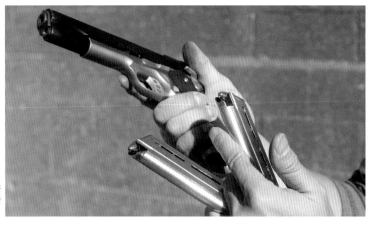

▲완전 장전된 예비 탄창을 장착한다.

▲총은 완전 장전 상태로 재장전되었다. 잔탄이 남은 탄창은 탄창 주머니 등에 집어넣는다.

작동 불량

1911은 높은 내구성을 가진 전투용 권총이지만 근대적인 폴리머 프레임의 다른 권총들에 비교한다면 매우 섬세한 총기이며 정기적인 정비와 관리가 필요하다. 1911의 약점으로 널리 알려진 것이 윤활유가 부족한 상태일 경우 특히 작동불량이 일어나는 경우가 많다는 점으로, 탄피 갈퀴, 슬라이드 멈치, 차개 등의 부품이 파손되기 쉽다. 이러한 부품은 대개 수천 발 정도 사격 시마다 부품에 금이 갔는지 등을 체크

해야 하며, 20,000발 정도 사격 시마다 교환하는 것이 좋다. 반동 스프링의 경우 늘어나기 쉬운 부품이기 때문에 5,000발 정도마다 교환하는 것이 좋다. 이와 같은 구조적인 고장을 원인으로 하는 작동불량 외에도 탄창의 오염, 탄약 불량, 그리고 사격자의 실수로 인한 작동불량이 발생한다. 작동불량의 대응은 크게 3가지로 분류할 수 있으며, 이는 1911 뿐 아니라 대부분의 권총에 공통적으로 적용할 수 있는 기술이다. 실전적인 대응으로서는 작동불량이 발생했을 경우 타입1이나 타입2의 경우를 가정하여 반사적으로 '탭&랙Tap&Rack'으로 대응하며 그래도 작동불량이 처치되지 않았을 경우에는 타입3으로 판단하여 총기에서 탄약을 모두 추출해낸 다음 재장전을 진행한다. 여기서는 3가지 타입의 작동불량에 대한 대응법을 소개한다.

타입1 = 격발불량

▲방아쇠를 당겨, 공이치기가 전진했지만 격발이 되지 않는 작동불량을 '타입1'이라고 한다. 탄약불량에 의한 불발, 약실 내부가 비어있는 경우, 또는 총의 구조적 고장이 원인이 된다. 타입1 작동불량이 일어나는 가장 많은 이유는 탄창이 확실하게 장전되지 않은 상황이다. 약실 내의 초탄이 발사된 후 탄창에서 다음 탄약을 끌어올리지 못한 것이다.

▲공이치기가 전진했지만 격발이 이뤄지지 않았다.

▲탄창 밑바닥을 가볍게 두들겨서 탄창을 확실하게 결합시킨다.

▲슬라이드를 뒤로 젖힌다. 이때 탄피배출구를 아래로 하여, 약실 내에 불발탄이 남아있는 경우를 대비한다.

▲슬라이드를 잡은 손을 놓아 복좌 용수철의 힘으로 슬라이드를 전진시킨다. 불발탄이 있더라도 추출한 후 재장전이 진행된다.

타입2 = 탄피배출불량

▲방아쇠를 당겼지만 공이치기가 전진하지 않고 격발도 되지 않는다. 이때 탄피배출구에 빈 탄피가 걸려있는 경우가 타입2이다. 오염 등에 의해 슬라이드의 전후 작동이 이루어지지 않거나 탄 자체가 불량이 있는 경우, 갈퀴나 차개의 불량일 가능성이 있다.

▲대처법은 타입1의 경우와 같다. 탄창 밑바닥을 가볍게 쳐준 후, 슬라이드를 당긴다. 이 동작을 '탭&랙'이라 부르며 자동권총이 작동불량 상태가 되었을 때 가장 먼저 진행하는 대처법이다.

타입3 = 장전불량

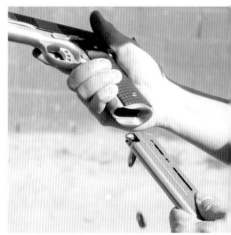

▲방아쇠를 당겨도 공이치기가 전진하지 않으며 격발되지 않는 상황이란 점에서는 타입2 작동불량과 같은 증상이지만 약실 내에 격발된 탄약이 남아있어, 차탄이 장전되지 못 하는 상태가 타입3 작동불량이다. 이 경우는 탄약 불량이거나 갈퀴 부품의 고장이 원인인 경우가 많다.

▲왼손으로 슬라이드를 후퇴시킨 후 오른손 엄지로 슬라이드 멈치를 눌러올려 슬라이드를 후퇴고정시킨다. 약실 뒷쪽 경사로에 걸려있는 차탄을 풀어서 탄창을 뽑아낼 수 있는 상태로 만들기 위해서이다.

▲탄창 바닥을 쥐고 잡아당겨 탄창을 총에서 분리해낸다. 대부분의 경우 내부에 걸려있던 탄이 탄창 삽입구를 통해 배출된다.

▲슬라이드를 잡고 뒤로 당긴 뒤 놓아 후퇴전진시켜준다. 슬라이드가 가볍게 전진하면서 갈퀴가 약실 내에 걸려있던 탄약의 림을 붙잡을 수 있게 된다.

▲다시 슬라이드를 후퇴전진시켜주면 약실 내에 남아있던 탄약이 배출된다. 이후 재장전을 진행한 후 사격을 계속한다. 타입3 작동불량은 기본적으로 총을 완전히 비운 뒤 재장전하는 방식으로 대처할 수 밖에 없다.

마치며

싱글액션의 방아쇠를 가진 1911은 기본 안전장치나 손잡이 안전장치를 통해 안전하게 휴대할 수 있으며 동시에 신속하고 정확하게 초탄을 발사할 수 있는 유니크한 권총이라 할 수 있다. 재장전은 1911 사용자로서 완벽히 구사할 수 있어야 하며, 여러 가지 재장전 기술을 구사하는 것으로 적은 장탄수를 커버할 수 있게 된다. 1911의 조작방법은 근대적인 전투용 자동권총에 비해 복잡하며 장탄수가 적은 점은 약점이라 말할 수 있다. 1911은 누구라도 쉽게 사용할 수 있는 자동권총은 아니지만 그 조작방법을 완벽히 익힌 사용자라면 다른 자동권총을 능가하는 퍼포먼스를 발휘할 수 있다.

Jim Boland
9mm Major

1980년대.

아직 '1911'이라는 호칭보다는 '거버먼트' 또는 '45구경'이라는 호칭이 익숙하던 시절, 개성적이며 매력적인 커스텀 거버먼트가 군웅할거하던 시대에 유독 빛나는 건스미스가 있었다. 그의 이름은 바로 짐 볼랜드Jim Boland. 지금 다시 짐 볼랜드를 조명해보고자 한다.

— Hiro Soga

9MM MAJOR

JIM BOI
GUNS

짐 볼랜드 작 9mm 메이저(아래)와
스티브 나스토프 작 슈퍼 콤프(위).
이 2정의 총은 거의 같은 시기에 나
온 커스텀 총기이다. 역시 '9mm 메
이저'의 존재감은 압도적이다.

슈퍼 건스미스

핸드메이트 커스텀 건은 언제나 마음을 들뜨
게 한다. 여기서 말하는 커스텀이란 1970년대
에 시작된 45구경 거버먼트 커스텀을 말하는
것으로 아먼드 스웬슨, 프랭크 백마이어, 존 나
울린, 짐 호그, 리처드 하이니 등 지금은 전설

이라 불리우는 이들이 당시에 활약한 건스미
스였다.
그들이 만들어낸 커스텀 총기는 정밀도, 사격
감 등의 성능은 물론이며 맵시와 기능미와 마
감 등 모든 면에서 수준 높은 걸작이었다. 하지
만 현재는 CNC공작기계를 통해 만들어진 높

은 완성도의 슬라이드와 총몸을 사용하며, 마
찬가지로 최신기기로 가공된 부품을 조립하여
만들어진 고성능의 총기를 손에 넣을 수 있는
시대인데다, 굳이 건스미스를 찾아가지 않더라
도 대단히 매력적이고 정밀도 또한 우수한 메
이커제 모델도 속속 등장하고 있다. 또한 나이

총기 전체를 감싸는 핸드메이드 특유의 느낌이 마음 속 깊은 곳을 울리는가 하면 도저히 1911이 베이스라고는 생각되지 않는 강한 임팩트를 느낄 수 있기도 하다. 9mm 메이저의 진면목은 역시 이 손잡이에 있다고 할 수 있다. 전면에 체커링(손에 잡았을 때 미끄러지지 않도록 체크 무늬로 표면을 처리하는 기법) 처리가 되어 있어 손으로 잡았을 때에 감기는 느낌과 균형 감각은 말로 설명할 수 없을 정도이다.

토호크나 레스 베어Les Baer처럼 매력적인 세미커스텀 브랜드도 시장에서 영역을 확대하고 있다.

그럼에도 불구하고 앞서 이야기한 건스미스들의 작품은 이러한 공산품들과 전혀 다른 존재감을 지닌 총기들이다. 각각의 작품이 독자의

콘셉트를 가지고 있으며, 개성적인데다 완성도와 신뢰성이 높은 총기로, 직접 쏴보았을 때는 물론이며 그저 바라보는 것 만으로 행복해지는 걸작들이다. 이러한 커스텀 건을 만들어내는 건스미스는 일류 기계장인이며 기능성을 하나의 '미美'라고 불릴 수준으로 끌어올리는

아티스트인 것이다.

이제 그들의 작품은 콜렉터즈 아이템이라 불리며 쉽게 볼 수 없는 존재가 되어버렸다. 때문에 간혹 경매시장에 나오더라도 최소한 5천 달러 이상의 가격이 매겨지는 것이 보통이다.

그런데 여기 그들의 작품들을 넘어선 곳에 위

치하는 슈퍼 건스미스가 있다.

'매드 사이언티스트Mad scientist'라는 별명으로 불리는 짐 볼랜드 씨이다.

필자가 그와 처음 만난 것은 1987년으로, 운 좋게 미국 권총 잡지의 취재에 동행했을 때가 계기가 되었다. 당시 취재 대상이었던 커스텀 건이 또 걸작이었다.

이름하여 'Super 9/FK Gun'이라는 커스텀 건으로 주요한 특징은 다음과 같다.

• 베이스는 콜트 거버먼트
• 총몸은 세로로 2개로 쪼갠 다음 H&K P9M13의 13연발 탄창을 삽입할 수 있도록 개조

• 총몸이 두터워지므로 레일은 CZ75처럼 슬라이드를 바깥쪽에서 잡아주는 디자인으로 구성
• 손잡이 안전장치의 위치를 높여서 하이그립 High Grip, 슬라이드 후퇴에 방해되지 않을 정도 높이까지 엄지 손가락 안쪽을 바짝 올려잡는 파지법이 가능하도록 안전장치 위치를 재구성
• 방아쇠 뭉치를 재구성
• 압력이 높은 9mm 메이저 탄약에 대응할 수 있도록 총열과 관련 부품을 재구성

이 정도 되면 커스텀의 범위를 넘어서 아예 새 총을 만든다고 봐도 좋을 것이다. 이 총은 볼랜드 씨의 지인으로부터의 의뢰를 받아 '가벼우면서 장탄수는 15발 이상이고 45구경에 버금

가는 저지력을 가지며 사격에 용이한 싱글 액션 자동권총'이라는 매우 까다로운 조건을 만족시키기 위하여 볼랜드 씨가 심혈을 기울여 만든 것이다. 그가 이 총을 완성시키기 위해 용접과 기기가공, 잘라낸 부품을 이용한 커스텀에 들인 시간과 노력은 이루 말할 수 없는 것이다. 건스미스 중에는 슬라이드의 레일 부분, 총몸, 또는 총열 등에 덧댐 용접 가공을 하여 밀도 높은 가공 처리를 하는 장인이 적지 않다고는 하지만, 볼랜드 씨와 같이 주요 부품을 재구성하여 거의 새로운 부품을 만들어내는 커스텀 작업을 해내는 사람은 매우 드물다고 할 수 있다.

▲이 총구의 조형에도 깊은 의미가 있다. 탄두가 이 부분을 지나갈 때 배출되는 가스의 방향을 조정하는 것이다.

◀"더블D 컴펜세이터". 내부가 상당히 넓은 익스펜션 챔버이다. 반동을 억제하기 위해 지정된 방향으로 단숨에 가스를 배출한다.

▲보마 사이트는 낮게 장착되어 있다. 가늠자 앞부분의 슬라이드가 미묘하게 깎여 있으며 레일 내측에도 미묘하게 쇠를 덧댄 다음 깎아냈다.

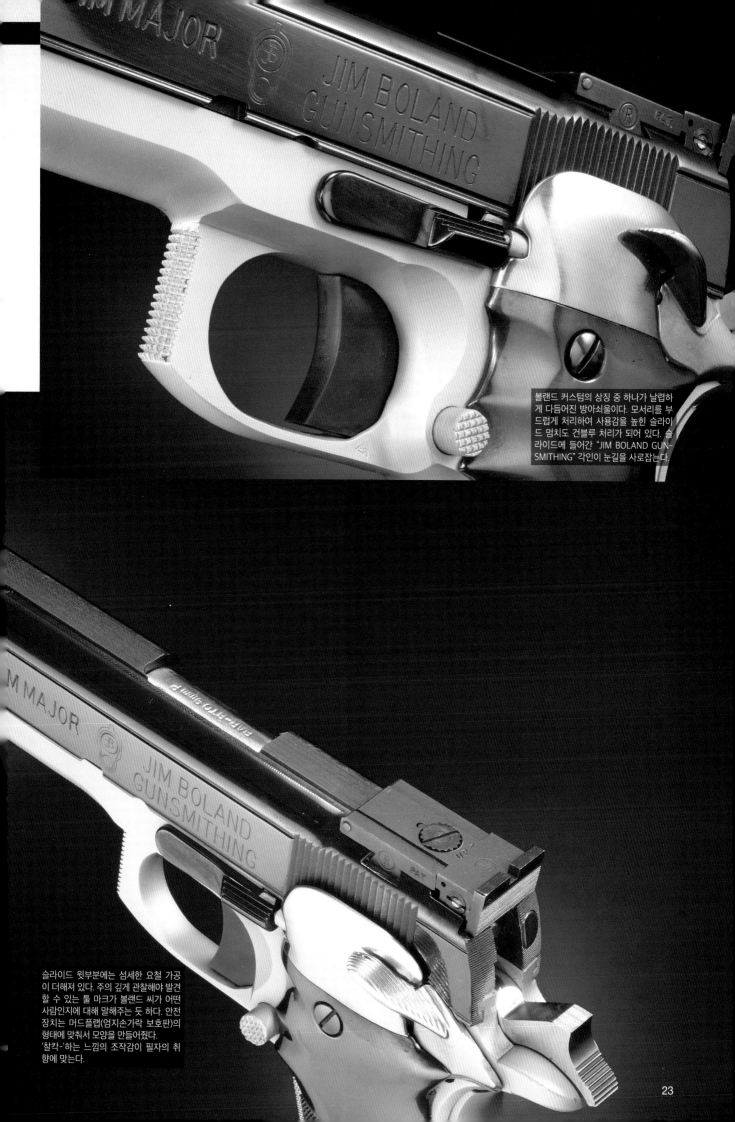

볼랜드 커스텀의 상징 중 하나가 날렵하게 다듬어진 방아쇠울이다. 모서리를 부드럽게 처리하여 사용감을 높힌 슬라이드 멈치도 건블루 처리가 되어 있다. 슬라이드에 들어간 "JIM BOLAND GUN-SMITHING" 각인이 눈길을 사로잡는다.

슬라이드 윗부분에는 섬세한 요철 가공이 더해져 있다. 주의 깊게 관찰해야 발견할 수 있는 툴 마크가 볼랜드 씨가 어떤 사람인지에 대해 말해주는 듯 하다. 안전장치는 머드플랩(엄지손가락 보호판)의 형태에 맞춰서 모양을 만들어줬다.
'찰칵-'하는 느낌의 조작감이 필자의 취향에 맞는다.

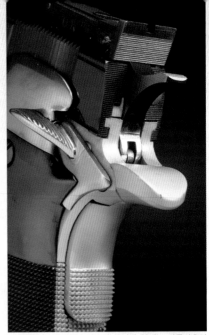

▲탄피 차개 부품은 새 부품을 용접하여 다시 깎아낸 것이며, 머드플랩은 손잡이 패널에 용접되어 있다. 손잡이 패널의 독특한 굴곡 형태는 볼랜드 씨가 많은 시행착오 끝에 얻어낸 산물이다.

▲손잡이 안전장치의 기묘한 곡선과 형태는 아름다우면서 기능적이다. 하이그립으로 손잡이를 잡았을 때 해머가 엄지손가락 안쪽을 찍는, 이른바 해머 바이트Hammer bite 현상이 일어나지 않도록 완벽하게 보호해준다.

▲두툼한 약실이 탄피를 완전하게 잡아주어 9mm 메이저의 높은 압력에 대응할 수 있다.

▲탄창 삽입구는 크고 넓게 확장했지만, 부품을 덧대지 않고 총몸 자체에 열을 가해 가공한 것이기에 손잡이 자체의 크기는 조금도 늘어나지 않았다. 덕분에 이음새도 없으며 손으로 잡았을 때 새끼손가락이 미끄러지지 않도록 받쳐 준다. 실제로 잡았을 때의 느낌이 정말 대단하다.

9mm 메이저

이 「슈퍼 9」 취재 이후 종종 볼랜드 씨의 공장에 놀러가게 되었다. 어느 정도 친분을 쌓은 후부터는 사진이 취미인 그의 작품을 구경할 수 있게 되었다. 기본적으로는 사격장에서의 사진이 많았는데 개중에는 고감도 필름을 사용하여 찍어낸 역작이 있었다. 지금도 선명하게 기억나는 것은 탄두가 컴펜세이터에 들어가 가스를 분출하면서 총구에서 튀어나올 때까지를 연속으로 찍은 사진이었다.

"아아 이거 말이지. 적외선 센서를 스위치로 연결해서 셔터가 눌리게 하는 장치를 만들어 봤어. 감도를 바꿔주면 센서가 발사 시의 빛을 감지해서 고속 셔터를 누르게 하는 거야. 이렇게 해서 탄두가 컴펜세이터 안을 직진할 때 발사

가스가 어떻게 나오는지를 알 수 있게 돼. 컴펜세이터를 디자인하는데 좋은 자료가 되지."

▲리로드(재활용)탄 4종. 오른쪽으로부터 9x19mm 115그레인 FMJ, 두 번째가 9mm 메이저. 160그레인의 탄두를 아슬아슬할 정도의 길이로 맞춘 것. 딜론Dillon 사의 리사이징 다이Resizing Die를 이용하면 이처럼 탄피 가운데가 살짝 들어간 흔적이 남는다. 세 번째는 38구경 슈퍼 콤프 124그레인 JHP, 가장 왼쪽이 38구경 슈퍼 124그레인 JHP.

이렇게 말할 때의 볼랜드 씨의 얼굴은 그야말로 연구자의 그것이었다.

당시 나는 경기사격에 막 발을 들여놓은 상태여서 콜트의 45구경 컴뱃 거버먼트를 살짝 손본 녀석을 쓰고 있었다. 그 때는 빌 윌슨, 롭 리섬 & 브라이언 이노스에 의해 "38 슈퍼 / 메이저"라는 구상이 IPSCInternational Practical Shooting Organization: 미국의 실전사격 경기에 뿌리내리기 시작하던 시기였다. 당시에는 경기 규칙으로 최저한으로 만족시켜야 하는 탄약 위력인 파워 팩터Power Factor, 이하 PF가 정해져 있었다. 이 PF는 커맨더 모델 규격의 1911로 풀파워의 230그레인 45구경 ACP탄을 775fps의 탄속으로 발사한 결과를 기준을 잡고 있는데, 「230그레인 x 775fps ÷ 1000 = 178.25PF」

◀가이드로드 앞부분
과 총열 블록 부분에
는 요철 가공이 더해
져 있다.

반동은 무서울 정도로 가볍게 느껴진다. 탄속을 높이면 좀 더 가늠쇠 회복이 빠르게 느껴진다.

이 값이 실전사격 경기의 기준으로 자리를 잡게 되었으며 이보다 낮을 경우 위력이 부족하다고 판단했다. 1980년대 당시의 규정이었던 175PF(현재는 160PF로 변경되었다)를 달성하기 위해 .45ACP 대신 가벼운 탄두를 고속으로 날려보낸다는 것이 새로운 아이디어였다. 이 시기에 컴펜세이터의 이론이 자리잡기 시작하면서 탄두를 좀 더 고속으로 날려보내면 배출가스의 효과가 커지면서 총구 들림을 감소시킬 수 있다는 사실이 알려지고 있었다. 볼랜드 씨의 "9mm 메이져"는 이 경량고속탄두 콘셉트의 9mm 루거 버전이었다고 할 수 있다. 이 무렵 모처에서 "9mm 메이져"를 입수할 수 있을지도 모른다는 정보가 귀에 들어왔다. 하지만 가격이 예상 이상으로 높았다. 만년 적자인 필자의 입장으로는 쉽게 가질 수 없는 물건이었다. 결국 대금지불을 뒤로 미루고 가지고 있던 다른 총을 처분한 다음에야 간신히 손에 넣

을 수 있었다.

짐에게서 "9mm 메이져" 탄의 레시피를 받아서 우선 탄약의 리로드(재활용)부터 시작했다. 160그레인 탄두를 1,100fps 정도로 날려보았다. 테스트해보니 먼저 엄청난 발사음과 진동을 느꼈다. 하지만 총구 들림은 45구경 ACP에 비해 약한 편이어서 총구가 원위치로 돌아와 가늠쇠가 표적을 향하기까지의 시간이 짧은 편이었다. 더블탭(2연사)를 하면 뭐랄까 자신이 제법 총을 잘 쏜다는 기분이 들게 된다. 25야드에서 정확도 테스트를 해보니 5발 중 4발이 1인치 안에 집중되었다. 화약과 탄두의 균형을 조절하면 이 이상의 정확도도 기대할 수 있을 듯 했다. 정말 대만족이었다.

집에 돌아와 완전분해한 후 청소를 하면서 이 총이 얼마나 대단한 물건인지를 실감할 수 있었다. 그야말로 볼랜드 씨의 손이 닿지 않은 부분이 없었다. 하나씩 정리해 보면 다음과 같다.

손잡이 주변: 일단 압권인 것은 철제 손잡이 패널이다. 절묘한 경사와 곡선, 체커링 처리까지 이루어진 손잡이를 쥐었을 때의 느낌은 그야말로 극락이다. 손잡이 패널에 철을 사용한 것은 이 부분에 중량을 더하여 사격 시 반동을 부드럽게 만들기 위해서이다. 또한 하이그립을 위해 방아쇠울 아랫부분과 프론트 스트랩의 상부, 즉 손잡이를 쥐었을 때 중지 손가락이 놓이는 위치를 깎아내어 좀 더 하이그립 포지션에 수월한 디자인으로 가공했다. 그 반대편의 손잡이 안전장치 상부의 R 역시 손바닥의 굴곡에 맞춰 깎아냈다. 이러한 공정을 통해 엄지와 검지가 총의 위력이 만들어지는 총신 중앙선에 가까워져 역학적으로 총구 들림을 억제하기 쉬워지는 것이다. 쇳조각을 용접하여 정형한 손잡이 안전장치는 볼랜드 씨의 자작품이다. 공이치기도 형태를 새로 잡아서 오른손이 절묘한 위치에 놓일 수 있게 배려했다.

머드플랩: 볼랜드 커스텀의 큰 특징 중 하나가 이 머드플랩이라 불리우는 엄지손가락 보호판 이다. 스테인리스 특유의 광택과 절묘한 곡선 이 매력적인 이 머드플랩과 어우러진 안전장치 (자동차의 엑셀 페달과 닮아서 가스페달이라 고도 불리운다)의 조화는 실로 대단한 것이다.

방아쇠울: 방아쇠울은 형태를 새로 잡아서 앞 부분의 볼륨감을 더해준 다음 체커링 가공을 해주었다. 이후 형태가 조금씩 변하지만 이 또 한 볼랜드 커스텀의 특징 중 하나이다.

슬라이드: 슬라이드에는 상당한 정성이 들어 가 있다.

1. 콜트 각인을 지워내고, 지워낸 만큼 평평한 표면을 얻기 위해 고르게 깎아냄
2. 앞부분과 윗부분에 요철 가공을 추가
3. 슬라이드 내부를 깎아내어 전체적으로 경량화
4. 커스텀 플러그가 총열을 고정시키기 위해 슬라이드 안쪽에 단단하게 자리잡고 있음
5. 총열은 9mm 메이져의 높은 압력에 대응하 기 위해 각 부분을 특별 사양으로 제작. 배 럴 러그와 슬라이드 쪽의 리세스는 정밀도 를 높이고 신뢰성을 지키기 위해 각 부품에 맞는 조정을 가함
6. 컴펜세이터: 가스 배출구와 내부의 형태가 알파벳 'D'처럼 보여서 "더블D"라 불리운다.

이 형태에 도달하기 위해 앞서 언급한 적외 선 센서 사진과 같은 노력을 들여왔을 것이 다. 이후 "롱 컴프"라 불리우는 다층 챔버로 변천해가게 된다.

1990년대 중반에 이르러 볼랜드 씨는 지역 건 샵과 손을 잡고 세미커스텀 제품을 내놓게 된 다. 일로 바빠진 그와 전화연락이 닿지 않게 되 었고, LA교외에 있었던 공장도 언제부터인가 문을 닫게 되었다. 영화용 프롭(소품 총기)을 제작한다는 소문도 있었지만 확실한 것은 아 니었다.

짐 볼랜드 씨는 안타깝게도 2006년에 영면했 다. 그의 재능이 커스텀계에 남긴 발자취는 그 야말로 시대를 앞서갔다고 해도 과언이 아닐 것이다.

이 날은 기온이 높아 발사가스가 잘 보이 지 않았지만 날씨에 따라서는 총 위로 상 당한 발사연이 피어오르는 것을 볼 수 있 다.

HISTORY OF 1911

1911 탄생에서 현재까지

Text : Satoshi Matsuo
Photo : Yasunari Akita, Toshi, SHIN, E.Morohoshi
        Turk Takano

모델 1900의 탄생

1862년 1월 10일, 새뮤얼 콜트Samuel Colt는 통풍, 염증성 류마티스, 동맥염의 합병증에 의해 47년의 생을 마쳤다. 이때는 아직 남북전쟁(1861-1865)이 진행 중이었으며 콜트 사는 북군에 대량의 총기를 판매하며 높은 수익을 올리고 있던 시기였다. 임종을 앞둔 새뮤얼 콜트는 공장의 기술책임자였던 E. K. 루트Elisha K.Root를 자신의 후계자로 정해두고 있었다. E. K. 루트는 새뮤얼 콜트가 15살 때부터의 친구로, 창업 이후 오른팔 격인 존재였다. 새뮤얼 콜트의 아들인 콜드웰Caldwell Hart Colt은 이때 겨우 3살이었다. E. K. 루트는 사장 부임 후 새뮤얼 콜트의 아내 엘리자베스의 동생인 리처드 H 자비스Richard H. Javis를 부사장으로 임명했다.

새뮤얼 콜트 사망 이후, 남북전쟁 중 북군에 무기를 공급한 콜트 사는 계속해서 성장해 나갔다. 하지만 1864년 2월 4일, 콜트 사는 남부연합군 지지자의 방화로 인해 사옥과 공장의 약 1/3이 소실되는 피해를 입고 만다(이 화재사건의 원인에 대해서는 현재도 이견이 있다 -역자 주). 콜트는 전쟁 초기부터 남부 지역에 총기 판매를 해오면서 북군에 총기를 공급하는 사업도 지속하고 있었다. 이 당시 콜트는 가장 큰 민간 총기회사였으며 코네티컷주 하트포드에 거대한 사옥을 지어 주목을 받는 존재였다. 표적이 되었다면 아마 그 때문일 것이다.

원인이야 어쨌든 이 화재는 회사존망의 위기를 가져왔다. 설비를 잃어 생산 능력이 마비되었으니 대규모 주문 지연이 발생하게 되었고 제품 납입이 막혀버렸다. 게다가 새뮤얼 콜트는 보험을 싫어했기 때문에 생전에 공장에 화재보험을 들어두지 않았다. 그의 사후 보험에 가입하긴 했지만 이 방화로 인한 손실을 보전할 정도로 충분한 보험계약이 아니었기 때문에 콜트의 손실은 커질 수 밖에 없었다. 여기에 콜트 사에겐 불운하게도 1865년 남북전쟁이 끝나버리게 된다. 밀린 주문은 모두 취소되었고, 총기에 대한 수요 자체가 크게 줄어들었다. 전쟁에 쓰일 예정이었던 총기들이 갈 곳을 잃고 시장에 대량 유입되면서 신규 총기를 생산할 필요가 없어졌다.

여기에 2대 사장 E. K. 루트가 1865년에 타계하게 되면서 부사장이었던 리처드 H. 자비스가 사장 자리를 물려받게 된다. 자비스는 콜트 사의 사장이 된 후 화재 사건의 피해로 쓰러져 있던 콜트 사를 재건하여 1901년까지 36년 동안 사장 자리를 지켜냈다. 자비스의 시대에 콜트는 싱글액션리볼버의 걸작인 콜트 싱글액션 아미를 시장에 내놓는 성공을 거두었다. 하지만 이러한 성공에도 불구하고 1850년대처럼 시장의 유일한 강자로 군림하는 시대를 만들지는 못 했다.

1888년, 존 H. 홀John H. Hall이 콜트 사의 임원General Manager으로 취임했다. 이 당시 콜트 사에는 자비스 사장 아래로 부사장인 윌리엄 B. 프랭클린William B. Franklin, 새뮤얼 콜트의 친아들인 콜드웰 하트 콜트 등 변화나 혁신을 좋아하지 않는 인물들이 회사의 중요한 자리를 차지하고 있었다. 다행히 미 육군에 리볼버 납품 사업을 계속 하고 있었고 총기제조사업은 순조로운 분위기였다. 하지만 리볼버를 생산하는 업체가 속속 등장하는 상황이었기 때문에 보수적인 경영으로는 회사를 이끌어나가기 어려운 분위기였다.

창업자인 새뮤얼 콜트 자신이 어떤 의미에서

▲특허번호 580.923 가스 작동식 자동구조

는 보수적인 인물이었을 가능성도 있다. 1830년부터 1831년에 걸쳐 당시 16세였던 새뮤얼 콜트가 인도의 캘커타(현재의 콜카타)행 선박의 선원으로 일했을 때, 선박을 조종하는 타륜에서 리볼버 발명의 히트를 얻었다는 이야기도 있지만 콜트 이전부터 이미 리볼빙 실린더를 사용하는 총기가 존재했다. 새뮤얼 콜트가 만들어낸 것은 공이치기의 후퇴와 실린더의 회전을 연동시킨 기구였다. 이 구상과 같은 제품을 대량으로 만들어낼 수 있는 공장 시스템을 구축할 수 있었기에 새뮤얼 콜트는 높게 평가받는 인물이 될 수 있었지만 당시 널리 사용되던 퍼커션 캡 방식의 리볼버를 넘어서는 새로운 총기의 개발에는 그다지 흥미를 가지고 있지 않았다. 콜트 사의 사원인 로린 화이트가 관통 실린더의 아이디어를 제안했지만 새뮤얼 콜트는 그것을 완전히 무시해 버렸다. 결국 로린 화이트는 이 아이디어를 스미스&웨슨에 들고 가서 금속제 탄피의 시대를 열게 된다. 콜트 사 입장에서는 큰 사업적 기회를 놓쳤을 뿐 아니라 거대한 라이벌 기업이 태어나는 계기까지 마련해 준 셈이다.

새로운 것을 만들어내지 않는 보수적인 경영 스타일은 콜트의 전통일지도 모른다. 존 H. 홀은 그러한 콜트 내부에서 자신의 직책을 지키며 업적을 키워나가는데 힘을 쏟았다.

1894년, 존 H. 홀은 윌리엄 B. 프랭클린과 함께 부사장의 지위를 획득했다. 이로서 홀은 새로운 제품을 개발하는 공격적인 기업으로의 체질 개선을 목적으로 하는 개혁에 좀 더 힘을 쏟을 수 있게 되었다.

가장 먼저 눈을 들인 것은 존 모제스 브라우닝 John Moses Browning의 기관총이었다. 콜트는 1866년 이래 미군에 납품하는 모든 개틀링건의 제조를 담당하고 있었다. 하지만 1880년대에 들어서면서 개틀링건과 같은 다총신 속사화기는 시대에 뒤쳐지는 존재였다. 그에 비해 작고 가벼운 단총신 기관총인 맥심건이 실용화되었으며, 이에 대응하는 모델로 브라우닝의 모델 1895의 제조권을 획득했다. 이 모델이 일명 "Potato digger감자 수확기"라고 불리우며 최초로 실용화된 가스 작동식 기관총이다. 이것이 콜트 사와 브라우닝의 인연이 시작된 최초의 계기였다.

만약 콜트 사에 존 H. 홀이 없었더라면 콜트가 M1911을 만들어내는 일도 없었을 것이고 이 회사는 20세기 초반에 사라져 버렸을 것이다. 1895년 7월, 브라우닝은 존 H.홀과 콜트의 설계총괄인 칼 J. 이베츠Carl J. Ehbets에게 개발 중이던 시제품을 보여준다. 그것은 자동권총이었다. 홀은 이때 브라우닝이 보여준 시제품을 보고 콜트가 제품화해야 할 물건은 바로 이 것이라고 직감했다.

1895년 9월 14일, 브라우닝은 가스 작동식 자동 권총의 특허를 신청, 1896년 7월 24일, 콜트는 브라우닝 자동 권총의 미국 시장에 대한 제작판매권을 획득하게 된다. 이 당시에는 이베츠 자신도 총기 설계자로서 블로우 포워드 방식으로 작동하는 독자적인 자동 권총을 개발하고 있었다. 하지만 브라우닝의 총기가 더욱 우수하다는 것을 인정하고 이후에는 브라우닝과 함께 개발 업무를 진행하게 된다. 총기의 역사에서 이베츠의 이름은 그다지 알려지지 않았지만 1911의 개발에 있어 적지 않은 역할을 했다고 할 수 있을 것이다. 이베츠와 브라우닝은 동료로서 서로를 존중하며 좋은 관계를

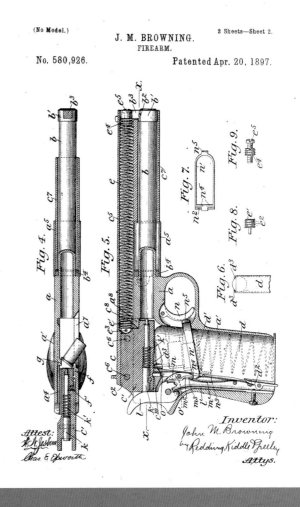

▲특허번호 580,926 블로우백 자동구조

유지하였으며 이는 1926년 브라우닝이 타계할 때까지 계속되었다.

1895년에 신청된 가스 작동식 특허는 1897년 4월 20일, 미국 특허번호 #580,923으로 등록되었다. 이와 함께 블로우백 자동 권총도 1896년 10월 31일에 신청되어 미국 특허번호 #580,926으로 1897년 4월 20일에 등록되었다. 미국 특허 #580,926은 벨기에의 FN사가 발매하여 세계적으로 크게 성공한 M1900에 가까운 것이었다. 같은 해 같은 날 브라우닝이 설계한 평행자 잠금Parallel ruler rocking 설계의 쇼트 리코일 모델은 미국 특허 #580,924로, 회전 노리쇠 방식의 쇼트 리코일 모델은 미국 특허 #580,925로 등록되었다. 이로서 브라우닝은 4종류의 자동 권총의 작동 방식의 특허를 동시에 획득하게 된 셈이다. 콜트는 이 모든 특허의 제조판매권을 가지고 있었지만 실제로 제품화한 것은 #580,924으로 이것이 .38Colt 탄을 사용한 모델 1900이며 콜트 최초의 자동 권총이었다. 이 권총은 매우 긴 6인치 총신과 눌러 넣으면 공이치기와 공이 사이를 막아 격발을 방지하는 방식으로 안전장치를 겸하는

가늠자 등의 특징을 가지고 있었다.

1900년, 이 모델은 미 육군과 해군의 테스트를 거치게 된다. 그로부터 12년간, 콜트의 이베츠와 브라우닝은 협력하여 미군 제식 권총 M1911을 개발하게 된다. 모델 1900은 미군의 테스트에서 나름 긍정적인 평가를 받기는 하였지만 아직 그 당시에 사용되던 리볼버를 교체해야 할 정도의 완성도는 아니었다. 이 테스트는 미 육군이 100정, 해군이 250정의 모델 1900을 구입하여 필드 테스트를 진행했다고 전해지고 있는데 또 다른 설로는 육군이 475정을 기병용으로 구입했다는 설도 있다. 또한 거의 같은 시기에 파라벨럼탄을 개발한 독일의 무기회사인 DWM이 1000정의 파라벨럼탄 사양의 모델 1900을 기병을 중심으로 테스트하였으나 제식 권총의 자리를 차지할 정도로 평가받지는 못 했다. 하지만 자동 권총의 가능성을 인정받는 데는 성공했다고 전해진다.

모델 1900은 콜트 최초의 자동 권총으로 1900년대에 시장에 공개되었다. 같은 해 자비스 사장이 퇴임하고 부사장인 프랭클린의 사장 진급이 내정되었다. 하지만 보수적인 경영

관을 가진 프랭클린이 사장이 된다면 콜트는 활력을 잃을 것이라 판단한 홀이 투자가와 협력하여 콜트 사를 사들여 자신이 사장 자리에 앉는 길을 선택했다.

존 H. 홀이 사장으로 취임하면서 자동권총 개발에도 추진력이 붙었다. 하지만 홀은 그로부터 얼마 지나지 않아 폐렴으로 53세의 생을 마치게 된다. 홀은 타계하였지만 그의 의지는 M1911의 개발로 이어지게 된다.

지금으로부터 100여년 전의 20세기 초기의 정보 전달 속도가 어느 정도였는지 쉽게 가늠하기는 어렵겠지만 유럽과 미국은 교류가 활발했던 만큼 나름 정보의 전달도 빨랐을 것이라고 상상할 수 있다. 19세기 말엽부터 시작된 자동 권총의 개발 경쟁에서도 그러했는데, 보르하르트Borchardt 권총의 개발, 마우저Mauser C96의 등장, 게오르그 루거Georg Luger에 의한 보르하르트 권총의 개량과 그에 의해 완성된 DWM의 파라벨럼 권총을 스위스군이 제식 채용하는 등의 사건이 그 예였으며, 무엇보다 브라우닝이 설계한 블로우백 권총 FN 모델 1900의 폭발적 성공은 이를 극명하게 드러낸

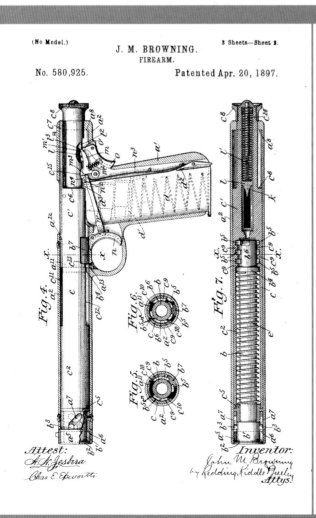

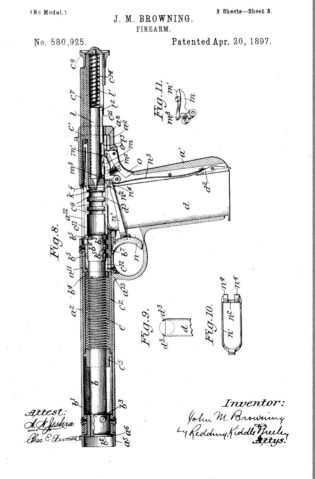

▲특허번호 580,924 회전식 노리쇠 자동구조

사례라 할 수 있다.

벨기에의 FNFabrique Nation-ale d'Armes de Guerre 사와 브라우닝의 인연은 브라우닝이 콜트와 계약을 한 후의 일이다. 1897년에 콜트를 방문한 FN사의 민수시장 판매책임자 하트 O. 베르그(Hart O. Berg)는 그 곳에서 브라우닝과 만나 시제품인 블로우백 모델을 시연한 후, 이를 벨기에에 가지고 귀국했다. 이 모델이 미국 특허 #580.926의 개량형으로 1899년 3월 21일, 미국 특허 #621.747로 등록되었다. 1897년, FN사는 브라우닝에게서 전 유럽지역의 자동권총 제조판매권을 획득하게 된다.

FN은 1899년에 .32ACP 탄을 사용하는 모델 1900의 제조를 개시하여, 1910년 제조를 중지할 때까지 724,450정을 제조하는 큰 성공을 거두게 된다.

한편, 콜트가 제조한 .38Colt 탄을 사용하는 모델 1900은 1900년에 시장에 공개되었지만

▲콜트 모델 1900 .38ACP

군에서 테스트용으로 구입한 물량 외에는 약 3,500정이 생산되는 것에 그치고 말았다. FN의 모델 1900이 작은 크기의 호신용 자동 권총이었던 것에 반해 콜트의 모델 1900은 쇼트 리코일의 대형 자동 권총이었는데, 당시 미국 총기시장은 아직 리볼버가 중심이어서 모델 1900이 받아들여질 만한 상황은 아니었다.

모델 1900에는 몇 가지 특징으로 구분지어지는 하위 모델이 존재했는데, 이는 민수시장 모델, 해군구입 모델, 육군구입 모델 1기형, 2기형 등으로 구분짓게 된다. 미군의 모델 1900 테

스트 결과는 콜트 사에 전달되었다. 개선을 희망하는 요구항목은 다음과 같았다.

- 특별한 공구를 사용할 필요 없이 야전에서 완전분해가 가능할 것
- 손잡이 형태의 개량
- 이너셔 프리플로팅(관성) 공이 채용
- 슬라이드 멈치 추가
- 랜야드 링Lanyard ring, 분실 방지용 끈을 거는 고리의 추가

등이었다. 딱히 까다로운 개량 요구는 없었기 때문에 이를 바탕으로 콜트는 개량형인 모델 1902를 개발했다.

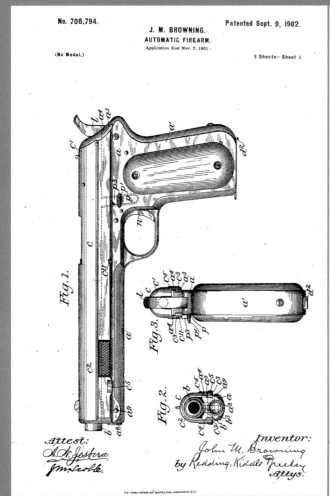

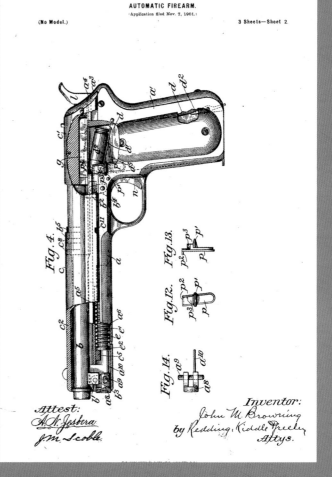

▲특허번호 708,794 쇼트리코일 자동구조

자동권총의 개량

모델 1902는 모델 1900에서 채용했던 가늠자를 이용한 안전장치를 제거하고, 공이를 짧게 하여 프리 플로팅 형태로 개량했다. 이를 통해 공이치기를 천천히 전진시키면 공이치기를 격발하지 않는 안전상태Rest position에 놓는 것도 가능해졌는데, 이는 리볼버 사용자들에게 익숙한 사용법이기도 하다. 손잡이는 좀 더 확장하여 장탄수를 8발로 늘렸다. 그 외에도 슬라이드 멈춤 손잡이와 랜야드 링이 추가되었다.

이 모델 1902는 군용 모델과 민수용 모델Sporting model이 존재한다. 일반적으로 군용모델은 8연발 탄창에 대응하여 각진 형태에 랜야드 링이 추가된 손잡이 형태를 하고 있으며, 민간용 모델은 7연발 탄창에 대응하여 바닥 부분이 완만한 곡선 형태를 이루고 있으며 랜야드 링과 슬라이드 멈춤 손잡이가 없어 외형적으로 구분된다.

슬라이드 측면 요철 처리의 경우 슬라이드 뒷쪽에 적용된 사양과 앞쪽에 적용된 사양이 모두 존재한다. 공이치기도 둥그런 형태로 옷이나 벨트 등에 걸리지 않는 형태와, 조작성을 중시한 박차Spur 형태의 두 가지가 있다.

하지만 밀리터리 모델이라고 하더라도 이것이 군에 정식 채용된 것은 아니었다. 어디까지나 군의 요구에 맞춰 제조한 것일 뿐으로, 모델 1902 밀리터리의 제조수량은 18,068정에 그쳤으며 민간용 스포팅 모델의 경우 그보다 훨씬 적은 7,500정에 불과했다. 이어서 등장한 것이 모델 1903이었는데, 이 번호로 불리운 모델에는 2종류가 있다. 모델 1900, 1902와 같은 .38 콜트 구경탄을 사용하며 쇼트 리코일과 노출형 공이치기를 채택한 모델과 .32ACP 탄을 사용하며 공이치기를 내장한 블로우백 모델이다. 모델 1903 공이치기 노출식 모델은 모델 1902의 포켓 모델(휴대성을 강조한 디자인의 호신용 권총)의 위치에 해당하는 제품으로 총열 길이를 4 1/4인치로 단축했다. 사실 휴대성을 강조했다 하더라도 그다지 작다고 보기는 어려운 크기의 모델이었지만 6인치 총열을 가진 모델 1902와 비교해본다면 크기 차이를 실감할 수 있었다. 모델 1903의 제조 수량은 31,229정으로 그전까지의 모델 1900, 모델 1902와 비교한다면 많다고 할 수 있지만 딱히 성공한 모델이라고 하기는 어려웠다.

모델 1900, 모델 1902, 모델 1903은 모두 쇼트 리코일 작동방식 권총이었지만 이와 별도로 블로우백 모델의 개발도 진행되고 있었다. FN 모델 1900의 미국 특허 #621.747의 미국내 제조판매권을 콜트가 갖고 있었지만 콜트가 원한 것은 좀 더 완성도가 높으며 작은 자동 권총이었다.

FN의 모델 1900은 유럽에서는 폭발적으로 팔리는 성공작이었지만 세련된 제품이라고 하기는 어려웠다. 리볼버와 비교해더라도 손색이 없는 조작성과 가격을 가진 자동 권총, 이것이 콜트의 요구였다.

브라우닝은 그러한 요구에 응하여 개발을 진행, 1903년 12월 22일, 미국 특허 #747.585를 취득했다. 이것이 콜트 모델 1903 포켓 피스톨이다. 블로우백 방식의 모델 1903은 .32ACP 탄을 사용하며 이에 대응하여 쇼트 리코일 작동방식을 채택한 제품은 .38 콜트이다.

모델 1903 포켓 피스톨은 콜트의 자동 권총으로 최초의 해머리스, 공이치기 내장형 모델Internal hammer였다. 이전까지의 모델 1900, 모델 1902, 모델 1903은 어느 정도 공통점이 있는 제품이었지만 모델 1903 포켓 .32ACP는 확실하게 다른 분위기의 권총이었다 크기는 벨

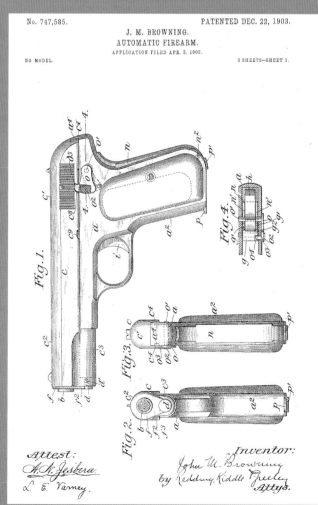

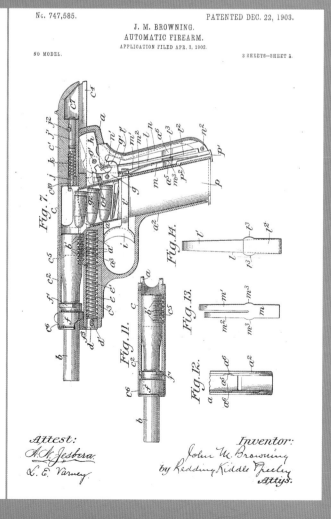

▲ 특허번호 747,585 콜트 모델 1903 포켓 피스톨의 특허도

▲ 콜트 모델 1903 포켓 피스톨(해머리스Hammerless, 공이치기 비노출형)

기에 FN의 모델 1900 권총에 가까웠으며 제품으로서의 디자인 완성도는 FN 모델 1900을 크게 상회했다.

이후의 콜트 자동 총기들의 디자인의 기본을 다졌다고 할 수 있는 슬라이드의 형태, 프레임과 슬라이드의 조합, 좋은 조작성을 보장해주는 수동 안전장치 등 전체적으로 세련된 총기였으며 사용하기도 쉬웠다. 거기에 공이치기를 내장하여 매끄러운 외견을 만들어내는데 성공했다.

손잡이 부분에는 손잡이 안전장치를 내장했다. 이것은 공이치기의 상태를 사수에게 알려주는 인디케이터의 역할을 함께 했는데, 공이치기를 슬라이드 내부에 집어넣었기 때문에 사수는 자신의 눈으로 공이치기의 상태를 파악할 수 없게 되었다. 이 때문에 공이치기가 전진해 있는가 젖혀져 있는가를 확인할 수 없다는 사용상의 문제가 있었다. 하지만 손잡이 안전장치를 설치하여 공이치기가 젖혀져 있을 때는 그립 세이프티를 부분을 쥐었을 경우 작동하는 것을 느낄 수 있다. 만약 손잡이를 쥐어

도 안전장치가 움직이지 않는다면 공이치기가 젖혀져 있지 않은 상태인 것이다. 공이치기가 움직이지 않는다는 것은 즉 약실이 비어있다는 뜻이 되므로 손잡이 안전장치가 장전 인디케이터의 역할을 하는 것이다.

손잡이 안전장치는 1884년에 설계된 S&W의 세이프티 해머리스 모델에도 채용될 정도로 공이치기 내장형 총기에 있어서 믿고 사용할 수 있는 안전장치였다. 1899년에 DWM이 시험제작하여 스위스군에 제공한 제 3 시험제작 파라벨럼 권총에도 탑재되어 이를 손본 모델이 M1900이란 모델명으로 스위스군에 채용되었다. 콜트 모델 1903에 손잡이 안전장치가 탑재된 것은 어떻게 본다면 자연스러운 흐름의 결과였다. 손잡이를 쥐는 것으로 안전장치를 푼다는 발상은 M1911까지 이어지게 된다.

손잡이 안전장치 외에도 사수가 수동 안전장치를 조작하여 발사 가능 상태로 만드는 것도 가능하다. 이 수동 안전장치의 조작성도 좋은 것이어서 콜트 사로서는 처음 만들어본 수동 안전장치였음에도 가장 적절하다고 생각되는

위치에 설계되었다. 이 수동 안전장치는 FN 모델 1900에도 채용되었으며 그 바탕이 되는 미국 특허 #621,747의 도안에 그려져 있다.

이 모델은 콜트 사의 입장에서는 자동 권총 최초의 성공작이었다. FN 모델 1900 정도의 폭발적인 판매 실적을 내지는 못 했지만 안정된 판매 실적을 보여줬으며, 1908년에는 9x17mm(.380ACP) 탄을 사용하는 모델 1908이 만들어졌다. 모델 1903과 모델 1908은 이후 계속 개량이 이루어져서 제조 중단이 결정된 1945년 말까지 약 570,000정이 생산되기도 했다.

콜트가 모델 1903 해머리스를 제조한 것과 동시기에 브라우닝은 FN 사를 위해 모델 1903을 만들고 있었다. 이것은 군용 모델이 될 것을 상정하여 설계된 총기이지만 .38 브라우닝 롱 Browning Long 탄약을 사용하는 블로우백 방식이었다. 실질적으로는 콜트와 FN의 모델 1903과 거의 같은 설계였다.

.45구경화

미군이 금속 탄피식 리볼버를 채용한 것은 1870년대 후반의 일이었다. 전년도에 개발된 S&W의 톱 브레이크 리볼버 모델 3 1,000정이 미군에 납품되었다. 이 리볼버는 44 S&W 아메리칸 카트리지 탄약을 사용했다. 거의 같은 때인 1871년, 미군은 그때까지 채용하고 있었던 퍼커션 캡 리볼버 콜트 1860을 금속탄피 사양으로 개조하여 사용하고 있었다. 이 총기는 .44 콜트 탄약을 사용했다.

같은 1875년, 미군의 조지 W. 스코필드George W. Schofield 소령의 아이디어로 S&W 모델 3 리볼버의 총열 래치와 익스트렉터Extractor: 실린더 내부의 톱니 모양의 부품의 개량이 진행되었다. 이로 인해 탄약 장전 속도가 개선되었으며 S&W 모델 3 스코필드 리볼버라고 구분지어 부른 후 미군에도 채용되었다. 이 모델은 .45 S&W 스코필드 탄약을 사용한다.

1875년에는 싱글액션 리볼버의 걸작인 콜트 싱글액션 아미가 미군에 채용된다. 이 총기는 45 콜트 탄약을 사용한다. 그리고 이것이 미군의 새로운 제식 탄약이 되었다. 그로 인해 이 시기의 미 육군은 .45콜트, .45 S&W 스코필드, .44 S&W 아메리칸, .44콜트 등의 탄약을 채용하는 상태가 되었다. 모두 흑색화약을 채운 금속제 탄피식 탄약으로 이중에서 가장 위력이 강하고 많이 사용된 것이 콜트 싱글액션 아미의 .45 콜트 탄약이었다.

흑색화약의 시대, 군용 피스톨은 무거운 총알을 쏘는 것이 일반적이었다. 독일은 11mm, 오스트리아와 프랑스도 11mm, 이탈리아는 10.4mm, 영국은 .455, 러시아는 .44 등 적지 않은 나라들이 커다란 구경의 리볼버를 채택하고 있었다. 물론 좀 더 작은 구경의 리볼버를 채택한 나라도 있었지만 미군이 채용한 .44구경과 .45구경은 당시의 표준적인 구경이라고도 할 수 있었다.

19세기도 끝나갈 무렵, 리볼버의 소구경화가 진행되기 시작했다. 당시 무연화약의 개발이 탄력을 받은 것도 영향을 받았다. 오스트리아의 8mm, 프랑스의 8mm, 러시아의 7.62mm 등이 이러한 소구경화의 결과물이었다. 미군도 .38 롱 콜트Long Colt를 채용했다. 당시는 아직 흑색화약을 사용하였지만 이후에 무연화약으로 교체되었다.

미군이 채용한 .38구경 리볼버는 콜트 M1889 해군형Navy이었다. 이것은 콜트가 개발한 최초의 스윙아웃Swing out, 실린더가 옆으로 열리는 방식 리볼버였다. 콜트는 1881년에 윌리엄 메이슨William Mason이 개발한 스윙아웃 리볼버의 특허를 취득하였지만 제품화까지는 수 년의 시간을 필요로 했다. 이때 등장한 것이 바로 M18890이다.

그때까지의 콜트 리볼버는 실린더 탄창이 총몸에 고정되어 있는 솔리드 프레임을 채용했기 때문에 장전 시에 전용 도구인 로딩 게이트Loading Gate를 이용, 1발씩 장전하는 방식을 사용했다. 한편 S&W는 톱브레이크Top break, 중절식 방식을 채택하여 총몸을 열고 실린더에 탄약을 바로 장전하는 방식으로 솔리드 프레임 방식보다 빠른 장전속도를 보여주었다. 하지만 톱브레이크 방식은 총의 몸이 두 부분으로 나뉜다는 구조상의 한계로 내구도가 비교적 낮았다. 이 때문에 솔리드 프레임 방식이 사용하는 탄약보다 위력이 낮은 탄약을 사용해야 할 필요가 있었다.

이 때문에 .45 S&W 스코필드 탄약은 콜트 싱글액션 아미에서 사용할 수 있었지만 .45 콜트 탄약은 S&W 스코필드에서 사용할 수 없었다. 스윙아웃 실린더는 옆으로 열리는 방식이기 때문에 총몸을 나눌 필요가 없어, 솔리드 프레임 방식으로 제조할 수 있었고 강도도 높았으며 탄약 장전속도도 빨랐다. 미 해군은 이러한 점에 기대를 걸고, 콜트 M1889 해군형을 약 2,000정(5,000정이라는 설도 있다) 주문했다. 이후 M1889는 뉴 네이비New Navy라는 이름으로 개명되었다.

해군이 채용한 M1889는 .38 롱 콜트를 사용하며 총신길이는 6인치, 총몸의 하단부에 U.S.N. 스탬프가 찍혀있다.

예전부터 미해군은 .45구경이 아니라 .36 구경의 리볼버를 채용하고 있었다. 해군 입장에서는 피스톨은 크게 중요한 무기가 아니었기 때문에 .38구경의 채용에는 별다른 문제가 없었다.

M1889에서 주목할 점은 바로 실린더의 회전 방향이다. 이 총의 실린더는 좌회전(시계 반대 방향) 방식을 채택했다. 콜트 리볼버는 그전까지 우회전 실린더를 사용했는데 스윙아웃 리볼버를 개발하면서 총몸 우측면에는 판을 집어넣는 등의 설계로 좌측으로 회전되도록 만들었다. 하지만 이 때문에 실린더의 균형이 나빠지는 등 설계 상 몇 가지 문제가 있는 총이기도 했다. 해군의 요구에 따라 실린더를 좌측으로 회전시키며 총열과 약실을 나란히 위치시키는 실린더 인덱싱 시스템Cylinder indexing System에 문제가 발생하여 정확한 위치에 실린더가 위치하지 않는 문제가 발생했던 것이다. 이로 인해 격발 불량이 발생하게 되었고 스윙아웃에 가해지는 힘이 래치의 스프링에 부담을 주면서 실린더 고정이 제대로 되지 않는 문제가 발생했다.

미 육군은 M1889의 개량형인 M1892를 11,000정 주문했다. 이 역시 .38 롱 콜트 탄을 사용하는 총기였다. 주된 개량점은 실린더의 고정 관련 사항이었다. 나사 고정 노치와 실린더의 고정 나사를 개량하여 좀 더 확실하게 실린더를 고정할 수 있게 되었다.

이어서 M1894, M1895, M1896이 등장했는데 이는 모두 M1892의 개량형으로 무연화약을 사용하는 모델이다. 프레드릭 펠튼Fredrick Felton이 좀 더 강도를 높이는 설계를 적용했고 미국에서는 144,000정의 M1894, M1895, M1896을 구입했다. 중고 M1889는 콜트에 반환되어 문제가 있던 고정 시스템을 개량했다. 미군은 제식 채용한 M1889 시리즈에 만족했다. 나중에 대통령이 되는 시어도어 루즈벨트 중령도 미국-스페인 전쟁 당시 이 총을 사용했다.

S&W는 콜트에게 7년간 뒤쳐져 있다가 1896년, 처음으로 스윙아웃 리볼버를 제조했다. 이것은 S&W 핸드이젝터HandEjector의 첫 모델로, 실린더 래치가 총몸 내에 가려져 있어서 실린더를 스윙아웃하기 위해서는 실린더 중심축에 있는 실린더 핀을 앞으로 잡아당겨 고정을 푸는 방법을 사용했다.

이것은 .32구경 모델이지만 3년 후 1899년에는 .38구경으로 개량, 해군이 1900년, 육군은 1901년에 각 1,000정을 구입했다.

이 M1899는 현재까지 이어지고 있는 S&W 스윙아웃 더블액션 리볼버의 원형이라고 할 수 있다. 좌측면에 실린더의 고정을 푸는 실린더 래치가 있으며 실린더에서 빈 탄피를 밀어내는 이젝터 로드에도 고정 기능을 적용했다.

1899년에는 필리핀-미국 전쟁이 발발했다. 당시 시점에도 미군의 .38구경화는 큰 진전을 보이지 않고 있었다. 아직까지도 다수의 콜트 싱글액션 아미 45가 육군을 중심으로 보급되어 있었기 때문이었다. 미군도 시대의 흐름을 알고 있었기에 .38구경을 제식채용하고는 있었지만 육군은 여전히 .45구경의 저지력에 미련을 가지고 있었다.

하지만 해군은 .38구경의 제식화가 빠르게 진행되고 있었고 필리핀 미국 전쟁에 병력을 보낸 것은 해군이었다. 이들은 콜트 M1889, M1892, M1894, M1895, M1896 등을 장비하고 있었다.

미국은 1898년 미국-스페인 전쟁 도중 스페인 식민지였던 필리핀에도 군대를 파견, 필리핀의 독립운동세력을 지원했다. 필리핀인들은 독립을 선언했지만 스페인과의 전쟁에서 승리한 미국은 필리핀을 자국의 식민지로 삼으려 했다. 1899년 1월 필리핀 제1공화국이 건국되었고 같은 해 2월 필리핀 병사가 미군에게 사살되면서 필리핀-미국 전쟁이 시작되었다. 하지만 불과 한 달 후인 3월에 수도 마로로스가 함락되면서 필리핀인들은 게릴라전으로 미군에 대항했다. 이때 미군은 모로족과 전투를 하게 된다. 모로족은 필리핀 남부, 민다나오섬과 술루 제도 등에 분포한 무슬림이다. 이들은 언어, 문화가 달라 마라나오, 마긴다나오, 타우수

그, 사마르, 야칸 등 십여 개의 부족으로 세분화되어 있었는데, 스페인이 필리핀을 지배하던 1578년에서 1898년 사이에도 모로족이 거주하는 필리핀 남부 지역을 완전히 제압하는 것은 불가능했다. 모로족은 미국-스페인 전쟁에는 관여하지 않았으나 필리핀 미국 전쟁에서는 미국과 적대했다. 미국이 모로족이 살고 있는 민다나오 섬 등의 지역을 식민지화하려고 했기 때문에 이는 피해갈 수 없는 일이었다. 1902년, 필리핀 미국 전쟁이 종료된 후 루즈벨트 대통령은 필리핀 평정을 선언하였지만 모로족을 중심으로 한 게릴라와의 싸움은 그 후 1911년까지 이어졌다.

미군은 이들 모로족의 게릴라전에 대응하던 중 커다란 충격을 받게 된다. 당시 필리핀에서 활동하고 있던 것은 해군으로, 당시 해군이 채용한 것은 M1889와 같은 38구경 롱 콜트 리볼버가 중심이었다.

필리핀 전쟁 당시, 특히 모로족과의 전투에서 이 총은 위력 부족을 크게 드러냈다. 모로족 전사에게 .38구경 롱 콜트를 6발 명중시켜도 쓰러트리는 것이 불가능했다는 사례가 여러 차례 보고되었다. 모로족의 특기는 게릴라전이었다. 정면에서 정규군 병력끼리 물량으로 부딪히는 전투가 아니었다. 갑자기 예상 밖의 장소에서 튀어나와 기습을 가했는데, 미군 병사가 그에 맞서 .38구경 롱 콜트를 연사하더라도 쓰러트릴 수 없었다면 패닉에 빠지는 것은 너무도 당연한 일이었다.

물론 모로족이 특별히 강인한 육체를 갖고 있는 것은 아니었지만 그들이 총알을 맞고도 견딜 수 있었던 것에는 두 가지 이유가 있었다. 그들은 무슬림인 동시에 토착민족으로 전투를 시작하기 전 일종의 약물을 복용하여 마치 마약을 복용한 것과 같은 상태가 되어 육체의 고통을 느끼지 않게 되었다. 또 하나는 그들이 죽음에 대해 가지고 있는 의식이었다. 칼에 베이거나 화살에 맞아 죽는 것이 모로족이 이해할

수 있는 죽음의 형태였다. 하지만 총알은 그들에게 죽음에 이르게 하는 결정적 무기로는 강하게 인식되지 않았다. 물론 전쟁이나 게릴라전을 겪고 있었기 때문에 총의 존재는 잘 알고 있었다. 하지만 그들에게 있어서 죽음에 이르게 하는 무기는 어디까지나 칼, 창, 화살이었다. 총기에 대해서는 그다지 두려움을 느끼지 않고 있었던 듯 하다.

인간의 죽음은 크게 2종류가 있다. 정신적인 죽음과 육체적인 죽음이다. 보통 인간은 총에 맞으면 죽음을 의식한다. "맞았다!" 이것이 심각한 스트레스를 일으킨다. "맞았다"="죽는다"라는 인식을 가지고 있는 인간은 총을 맞았을 때의 쇼크로 정말 죽어 버린다. 설령 그것이 치명상이 아니었더라도 말이다. 하지만 죽을 정도로 치명상을 입지 않았을 경우에는 그렇게 쉽게 죽지 않는다. 모로족의 경우 총알이 맞았더라도 그것 때문에 죽는다는 인식이 없었기 때문에 계속해서 활동할 수 있었을 것이다. 때문에 총알에 맞았어도, 그런 시시한 걸로 죽는다고는 생각하지 않은 모로족은 총에 맞은 것이 치명상이 아닐 경우 그대로 돌격을 계속할 수 있었던 것이다.

물론 내장기관에 치명상을 입을 경우 인체는 기능을 상실하여 생명활동이 정지하게 된다. 예를 들어 상처의 부위가 크다면 짧은 시간 안에 혈액을 대량으로 상실하게 되어 결국 죽게 된다.

하지만 .38 롱 콜트는 육체에 치명상을 입힐 정도로 강력한 탄약은 아니었다. .45 콜트는 큰 질량의 총알을 발사하여 상대방의 신체기관을 파괴하고 출혈량을 높여 상대방을 쓰러트릴 수 있다. 모로족과의 전투는 이 차이가 극명하

게 드러난 사례였다.

.38 롱 콜트의 위력 부족은 당시 미국 의회에서까지 문제로 삼을 정도였다. 물론 그렇다고 해서 바로 대구경 총기로 교체할 수 있는 것은 아니었다. 하지만 결과적으로 미군은 .38구경을 버리고 .45구경 반자동권총을 채용하는 방향으로 움직이게 되었다.

존 T. 톰슨 대령Col. John T. Thompson과 루이스 A. 라가드 대령Col. Louis A. La Garde은 콜트 M1902 .38구경 반자동(.38ACP), 콜트 .45 뉴 서비스 리볼버(.45 롱 콜트), 두 종류의 파라벨럼 피스톨(9mm x 19, 7.65mm x 21), .476 엘리Eley와 .455 웨블리Webley 등의 총기를 테스트했다.

이 테스트 과정은 톰슨 라가드 테스트The Thompson-LaGarde Tests라고 불리며, 1904년에 테스트 결과가 발표되었다. 결론만 말하자면 적절한 대인저지력을 발휘하기 위해서는 230gr의 .45구경탄을 804fps.(245m/s) 이상의 속도로 발사할 수 있어야 한다는 것으로, 이때의 총구 에너지는 330ft.lbs에 해당한다.

브라우닝은 콜트를 위해 .38구경 반자동 권총을 개발하고 있었지만 군이 .45구경 권총을 요구하면서 개발 방향성을 전환했다.

그 결과물로 등장한 것이 콜트 M19050이며 이것이 이후 M1911로 발전하게 된다.

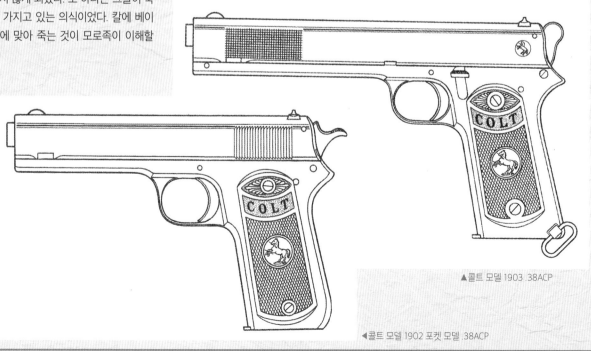

▲콜트 모델 1903 .38ACP

◀콜트 모델 1902 포켓 모델 .38ACP

.45구경 반자동 권총의 선정

톰슨 라가드 테스트의 결과, 미군은 .45구경 반자동 권총의 선정을 준비하게 되었다. 1906년, 신규 총기의 채용사업이 발표되어 많은 총기 제조사가 참가를 표명했는데, 조건은 .45구경 탄약을 사용하는 반자동권총이었지만 리볼버의 참가도 허용되었다. 이 .45구경이라는 조건은 당시 많은 총기 제조사에게 상당히 장벽이 높은 조건이어서 그에 비해 작은 구경의 반자동 권총을 제조하던 업체는 기간 내에 제출을 못 하는 경우가 많았다.

콜트 사는 .38 롱 콜트 탄약을 사용하는 모델 1903(쇼트 리코일 방식)을 .45구경으로 만드는 방향으로 움직였다. 콜트의 모델 1900, 1902, 1903(쇼트 리코일 방식)은 모두 2링크 평행자Parallel Ruller 방식 총기였다.

평행자 방식은 2개의 자가 2개의 링크(암)에 연결되어 항상 같은 평행 상태를 유지하게 되

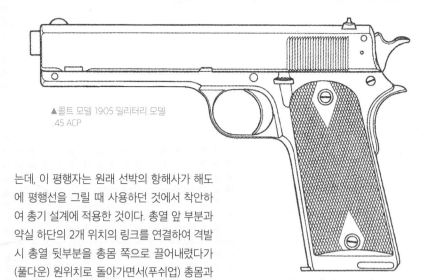

▲콜트 모델 1905 밀리터리 모델 .45 ACP

는데, 이 평행자는 원래 선박의 항해사가 해도에 평행선을 그릴 때 사용하던 것에서 착안하여 총기 설계에 적용한 것이다. 총열 앞 부분과 약실 하단의 2개 위치의 링크를 연결하여 격발 시 총열 뒷부분을 총몸 쪽으로 끌어내렸다가 (풀다운) 원위치로 돌아가면서(푸쉬업) 총몸과 평행을 유지하게 된다. 이 과정에서 슬라이드와 총열의 폐쇄가 풀리는데 45구경으로 설계를 변경하면서 문제가 발생했다. 링크 부품을

.45구경에 맞춰 크고 길게 설계했더니 이번에는 내구성이 문제가 된 것이다. 어쨌든 미국 특허 #708,794에 기준한 모델 1905를 제조하여 미군에 제출했다. 이후 콜트 사는 다수의 시제품을 개발, 시행착오를 거치면서 반자동 권총의 완성을 향해 나아갔다.

이 가운데 하나가 1905년 12월에 미국 특허 #808,003 번호로 등록된 설계이다. 이 설계는 기존의 2링크 평행자 방식을 변경하여 약실 하단에 위치한 1개의 링크로 총열을 움직여 약실 폐쇄를 해제하는 방식이었다. 이 방식으로 제작된 총기가 M1907이었는데, M1907은 민간 시장에 시판되지는 않았고 어디까지나 군 제식총기 사업에 제출하기 위해 만든 시제품이었다.

미군의 .45구경 제식권총 사업은 1906년에 시작되었다. 육군 중장 윌리엄 크로저는 미국 내외의 총기 제조사에게 미 육군의 새로운 제식권총의 공개채용의 진행을 통고했다. 이때의 요구 사양에 사용 탄약은 .45구경 탄약으로 분명히 명시되어 있었으며 테스트용 총기의 제출은 9월 12일까지였다.

하지만 대부분의 총기 제조사에게 있어 .45구경은 경험이 없는 분야였으며 테스트용 총기라 하더라도 하루아침에 개발할 수 있는 것이 아니었다. 이 때문에 제출 기한은 점점 늦춰져서 최종적으로는 1907년 3월 20일이 되고 말았다.

참가한 업체는 콜트, 새비지Savage, DWM, 베르그만Bergman, 웨블리 & 스콧Webley & Scott, S&W, W. B. 노블W. B. Knoble, 화이트 메릴White Merill이었다.

DWM이 제출한 모델은 파라벨럼 1906을 기반으로 .45ACP 탄약에 맞춰 재설계한 5인치 총열, 손잡이 안전장치를 갖춘 총기로 제조수는 5정 뿐이었다고 한다.

베르그만은 마즈Mars 피스톨을 .45ACP 탄약에

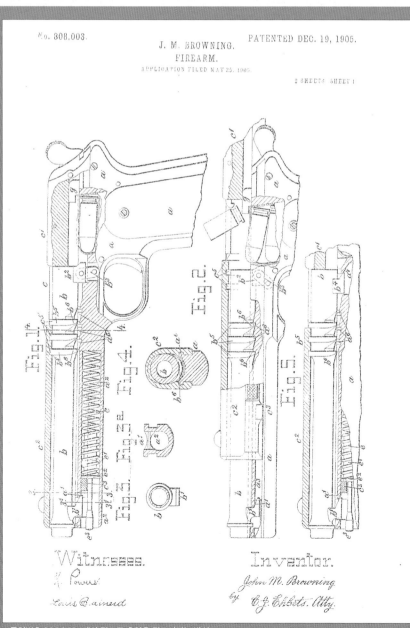

No. 808,003.

J. M. BROWNING.
FIREARM.
APPLICATION FILED MAY 25, 1905.

PATENTED DEC. 19, 1905.

2 SHEETS — SHEET 1.

Witnesses.

Inventor.
John M. Browning
by C. J. Ekbots. Atty.

▲특허번호 808,003 1개의 링크로 총열을 틸트시키는 방식

맞춰 재설계한 총기로 채용사업에 참가했다. 파라벨럼 권총의 DWM도 마찬가지였지만 기본이 된 모델은 7.62mm와 9mm를 기준으로 하여 .45구경에 맞게 개조한 총기였다. 이처럼 각사는 자사의 기존 총기의 구경을 .45 구경으로 확대한 정도의 개조 총기를 제출하는 정도로 참가했다.

웨블리 & 스콧은 .455구경의 모델 1904, 32ACP의 모델 1905를 개량하여 .45ACP 사양으로 개량한 총기를 제출했다. 웨블리&스콧의 경우에는 본래 모델 1904가 .455 구경이었기 때문에 .45구경으로의 개량은 그다지 어려운 일이 아니었다. 사실 모델 1904는 영국군의 제식권총 사업에서 문제점이 다수 지적되어 탈락한 모델이었기 때문에 이번 미 육군 .45구경 사업에서는 많은 개량을 거친 모델을 제출했다.

W. B. 노블과 화이트 메릴도 제식권총 사업에 .45구경 모델을 제출했다. 이 외에도 콜트의 뉴 서비스 더블액션 리볼버와 S&W의 더블액션 리볼버, 그리고 웨블리 & 포스베리Webley Fosbery의 .45구경 자동 리볼버도 사업에 참가했다. 미군도 일단은 리볼버의 참가를 받아들였지만, 처음부터 신제품 리볼버를 제식 권총으로 채용할 생각은 없었다. 자동 리볼버는 어디까지나 참고품 정도로 인식되고 있었다.

사업 개시로부터 1주일이 지난 1907년 3월 28일, 미 육군 무기과는 콜트와 새비지, 그리고 DWM에게 .45구경의 개량형 샘플 200정을 미 육군에 납품할 것을 요구했다. 첫 관문을 통과한 것은 이 3개사 뿐이었던 것이다. 불과 1주일 동안 많은 제조사들이 탈락했다. 하지만 DWM은 그로부터 1년 후 1908년 4월 16일, 사업에서 사퇴했다. 개량의 가능성이 없다고 판단했을 수도 있고 또는 당시 독일제국 육군의 P08 채용이 결정되어 P08의 생산에 주력하기로 결정했을 가능성도 있다.

결국 사업은 콜트와 새비지의 경쟁이 되었다. 1908년 3월 17일, 콜트는 요구받은 200정의 개량형 샘플을 스프링필드 조병창에 제출했다. 한편 새비지의 제출은 같은 해 11월로 미루어졌다. 하지만 그 사이 제출한 모델 중에 불량품이 있었기 때문에 양사의 샘플은 반려되었다. 그 사이 콜트는 자사 제품의 개량을 진행했다. 콜트가 취득한 특허 중 #984,519는 기존의 평행자 설계를 기반으로 약실 하단부에 1개의 링크를 배치하고 총열 앞 부분하단에는 고정 핀을 배치했으며, 총구 앞부분의 배럴부싱 부품으로 총구와 총열의 위치를 잡아주는 설계였다. 특허 승인은 1911년 2월 14일이었지만 신청한 날은 1910년 2월 17일이었다. 콜트 사와

브라우닝은 그 후 손잡이의 각도를 84도에서 74도로 고친 모델 1910을 시험 제작했다. 이 시점에서는 아직 수동 안전장치가 탑재되지 않았다. 하지만 그 전년도에 스프링필드 조병창으로부터 수동 안전장치의 필요성을 지적받았기 때문에 콜트는 이미 수동 안전장치의 추가를 결정한 상태였다. 급하게 안전장치의 추가가 결정되었기 때문에 수제작을 해야 했다. 1910년 11월 4일에 시작된 미군 제식 권총사업에는 수동 안전장치가 탑재된 시제품을 제출했다. 수동 안전장치가 추가된 이 시작제품의 형태가 이후 M1911에 가까운 것이 된다.

1910년 11월 10일, 스프링필드 조병창에서 콜트 스페셜아미 모델 1910과 새비지의 개량형 모델 H의 비교 테스트가 진행되었다.

이 테스트에는 콜트 사로부터 스키너W. C. Skinner 사장과 부사장인 P. C. 니콜스P. C. Nichols, C. L. F. 로빈슨C. L. F. Robinson, 제임스 J. 퍼드James J. Peard 공장장, 그리고 개발자인 존 브라우닝과 두 사람의 기술자가 참석했다. 새비지 사에서도 사장, 부사장, 공장장, 그리고 설계자인 엘버트 설Elbert Searle과 두 사람의 기술자가 참석했다.

테스트는 우선 양사의 권총의 각부 점검에서부터 시작되었으며, 그 후 안전장치가 확실히

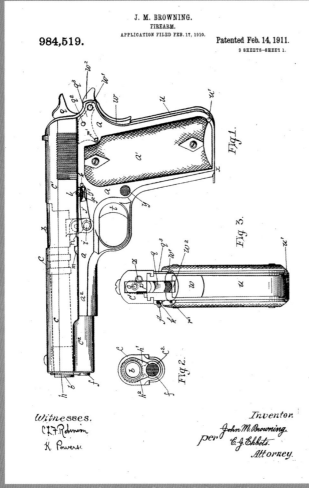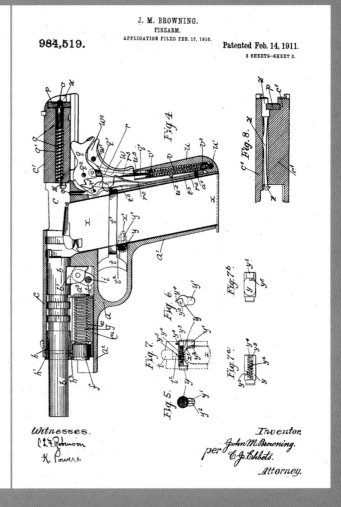

▲ 특허번호 984,519 배럴(총열) 부싱으로 총열 앞부분을 잡아주는 방식

작동하는가와 조작하기 좋은가의 시험이 이루어졌다. 콜트 1910에는 손잡이 안전장치와 수동 안전장치가 탑재되어 있었던 반면, 새비지의 모델 H에는 수동 안전장치가 총몸의 왼쪽 뒷부분에 탑재되어 있었다. 콜트의 시제품은 공이치기가 노출된 형태였으며 새비지의 경우 공이치기 역할을 하는 장전 손잡이cocking lever가 슬라이드 후방에 노출되어 있었다. 이 장전 손잡이가 공이와 연동되어 장전 손잡이를 뒤로 젖혀서 공이를 코킹하는 격발기술이었다.

이어서 분해 테스트가 진행되었다. 콜트의 시제품은 야전분해까지는 새비지보다 간단하게 할 수 있었다. 하지만 완전분해의 경우에는 새비지의 시제품보다 더 많은 시간이 필요했다. 새비지는 부품을 세련되게 가공, 상당히 단순한 작동 구조를 하고 있었다. 새비지의 고정 기구는 회전식 총열이었다. 이것은 새비지가 최초로 실용화하여 이후에 프랑스의 MAB, 콜트 올 아메리칸2000, 베레타 쿠거, PX4 등에 채용된 폐쇄기구이기도 하다.

새비지는 뛰어난 설계기술로 나사를 거의 사용하지 않았다. 거기에 부품 숫자가 45개 정도에 불과할 정도로 적었다. 콜트의 설계기술도 뛰어났지만 부품 수로 비교하자면 새비지보다 많은 64개였다. 하지만 콜트의 완전분해에는 드라이버 만이 필요했던데 비해 새비지는 별도의 공구가 필요했다.

같은 성능의 .45구경 탄약을 사용하여 25피트(7.6m) 지점까지의 비행 속도를 확인한 결과 콜트는 858fps, 새비지가 846fps였다. 정확도 테스트로 진행되었지만 자료에는 사격거리가 기록되어 있지 않았다. 별 수 없지만 자료 상의 기록을 본다면 콜트가 평균 1.94인치, 새비지가 2.84인치였다. 관통력 테스트에서는 콜트가 송판에 대한 관통력에서는 더 높았고 새비지의 경우 나무 블록에 대한 관통력에서 콜트보다 우월했다고 기록되어 있다. 이 부분의 기록은 조금 이해하기 어려운 부분이 있다. 마찬가지로 정확한 정보는 파악하기 어렵지만 연사속도 테스트에서 콜트가 새비지보다 정확도가 높고 연사성에서도 우수하다는 평가가 있다.

그리고 6,000발 내구성 테스트가 진행되었다. 100발 사격 시마다 물로 냉각시키고, 1,000발 사격 시마다 분해정비를 한다는 조건이었다.

콜트: 최초의 1,000발 시험 중 5회의 작동 불능이 발생했다. 1,001발째에서 2,000발째까지는 4회의 작동불량, 이후 총열에 균열이 발생

하여 교체했다. 2,001발부터 3,000발까지 2회의 작동불량, 수동 안전장치가 고장을 일으켰지만 발사 성능에는 영향이 없었다. 3,001발부터 4,000발까지는 작동불량이 없었으나 슬라이드 멈춤이 제대로 작동하지 않았으며 손잡이 덮개의 나사가 헐거워졌다. 4,001발부터 5,000발까지는 1회의 작동불량이 발생, 5,001발부터 6,000발까지는 작동불량은 발생하지 않았지만 다시 손잡이 덮개의 나사가 헐거워졌다.

새비지: 최초 1,000발 시험 중 4회의 작동불량이 발생, 시어Sear, 단발자가 파손되었으며 오른쪽 손잡이 덮개가 떨어져나갔다. 1,001발부터 2,000발까지는 22회의 작동불량이 발생, 갈퀴(Extractor) 부품이 파손되어 교체했다. 2,001발부터 3,000발째까지는 7회의 작동불량이 발생하였고 노리쇠멈치가 파손되어 교체했다. 3,001발째부터 4,000발까지는 탄창 내의 탄알밀판(탄약을 약실로 밀어올려주는 철판)이 파손되어 이로 인한 장전불량이 다발했다. 갈퀴의 파손으로 탄피배출의 불량도 다수 발생했다. 사격 후의 분해로 총열 부품의 파손이 확인되어 교체했다. 4,001발부터 5,000발까지는 5회의 작동불량이 일어났으며 시어가 파손되었다. 5,001발부터 6,000발까지는 탄창 불량으로 5회의 작동불량이 일어났다.

이 6,000발 실사 시험 결과 양사의 모델이 모두 불합격 판정을 받았다. 미군 제식채용을 목표로 1899년부터 개발과 개량을 계속해온 콜트 사로서는 원치 않는 결과였다. 브라우닝과 칼 J. 이베츠를 시작으로 한 콜트의 엔지니어들은 모델 1910의 개량을 서둘렀다. 물론 새비지

측도 모델 H의 개량 작업에 뛰어든 것은 말할 필요도 없다.

미 육군 무기과의 재시험은 1911년 3월 15일로 예정되었으며 양사의 기술자들에게 개량 작업을 할 수 있는 시간은 4개월 남짓 밖에 없었다. 콜트가 재시험에 제출할 모델은 콜트 자동권총 45구경 육군 모델Colt Automatic Pistol Caliber

.45 Special Army Model이라 불렸다. 재시험이 개시되었고 이번에는 미 해군의 무기과 장교도 참가했다. 6,000발의 내구성 시험이 진행되었다. 1,000발까지 사격 후 정비는 이전 시험과 마찬가지였지만 100발 사격 시마다 물로 냉각시키는 절차 대신 5분간 사격을 멈춰서 식히는 공냉 과정이 추가되었다. 이 내구성 시험에서 콜트는 1발의 작동불량도 일으키지 않고 부품의 파손이나 고장도 일으키지 않는 멋진 성적을 거두었다. 한편 새비지는 최초 1,000발까지는 아무 문제가 없었으나 2,000발까지의 사격 중 4회의 작동불량을 일으켰고, 3,000발까지는 노리쇠 멈치가 고장나서 교체해야 했다. 4,000발째까지는 4회의 작동불량을 일으켰으며 노리쇠멈치와 시어의 형태가 망가져 공이가 제대로 작동하지 않는 고장이 발생했다. 5,000발까지 사격하면서 탄창멈치가 고장나서 사격 중 탄창이 빠지는 고장이 5회 발생하였고 노리쇠와 노리쇠멈치에 균열이 발생했다. 6,000발까지 사격하면서 31회의 작동불량이 일어났으며 갈퀴의 교체와 브리치 플러그의 균열, 공이, 안전장치 판, 완충 스프링이 완전히 파손되었다.

6,000발 내구 시험 후 콜트의 시제품을 검사해 보았지만 부품 파손 등의 불량은 전혀 발견할 수 없었다. 경합의 결과는 압도적이었으며 군 무기과의 참가자들은 3월 20일, 콜트의 사업 참가 시제품이 새로운 .45구경 반자동 권총에 어울린다는 보고서를 제출했다. 1911년 3월 29일, 콜트 반자동권총의 미군 제식권총 채용이 결정되었다. 그 제식명칭이 1911년식 .45구경 자동권총Automatic Pistol Caliber .45 Model of 1911, 통칭 M1911이었다.

▲초기의 콜트 M1911 총기일련번호 "4"

콜트제 M1911

M1911

1912년 1월 4일부터 콜트 사의 M1911 대
량생산이 시작되었다. 육군을 중심으로
배치를 진행, 해군과 해병대는 이후에 보
급한다는 계획이었기에, 해군은 독자적으
로 레밍턴제 자동권총을 채용하려는 움직
임을 보였다. 하지만 제식권총을 육군과
해군이 따로 쓰는 상황이 되기 때문에 해
군의 이러한 생각은 현실화되지 않았다.
1914년에 제1차 세계대전이 발발하면서
순식간에 유럽 각국으로 전쟁의 불길이
확산되었다. 하지만 당시 미국은 유럽의
분쟁에는 개입하지 않는다는 먼로주의
Monroe Doctrine를 고수하고 있었기 때문
에 전투에는 직접 참가하지 않고 연합국
을 지원하는 자세를 취하고 있었다.

콜트는 영국 런던의 Colt's Patent Firearms Mfg.Co.London England를 통해 유럽에 M1911을 공급했으며, 제정 러시아에 47,100정, 영국에는 18,340정을 납품했다. 영국에 납품된 M1911 중 5,040정은 .45구경 사양 그대로였지만 나머지는 영국 해군이 사용하는 웨블리 & 스콧 M1913N 자동권총용 .455 웨블리 탄약.455 Weasley Self Loading Pistol Cartridge Mark.I을 사용할 수 있는 사양으로 변경되어 제조되었다.

그 외에도 아르헨티나의 군과 경찰에도 M1911이 보급되었다.

유명한 노르웨이군용 모델인 콩스버그 M1914는 1916년에 노르웨이의 콩스버그 조병창 Kongsberg våpenfabrikk에서 생산되었다.

제1차 세계대전이 발발된 시점에서 미군은 110,000정의 권총을 보유하고 있었지만 당시 미군이 필요하다고 생각하는 수량은 약 1,000,000정으로 매우 부족한 상황이었다. 전쟁에 참전하지 않더라도 무기의 배치는 필요했기 때문에 제품생산체제의 구축이 요구되었다. 때문에 콜트 사 외에도 스프링필드 조병창 Springfield Armory에서의 생산이 시작되었다. 당시 생산체계에서는 일 평균 450정을 생산할 수 있었지만 그럼에도 요구수요를 만족시키기에는 충분하지 못했다.

그리고 1917년 4월, 미국도 제1차 세계대전 참전을 결정했다. 독일군의 중립국 선박을 공격 대상으로 하는 무제한 잠수함 작전의 재개와 멕시코가 미국을 공격할 경우 독일이 멕시코를 지원하겠다는 내용이 담긴 치머만 전보 사건이 참전의 결정적 원인이었다. 미군의 참전이 결정됨에 따라 미군의 권총 부족 현상을 극복하기 위해 1917년 6월, 콜트는 뉴서비스 리볼버 .45구경의 대량생산을 개시했다.

"M1911의 생산량이 부족한 상황에서 그것을 충당하기 위해 다른 리볼버 모델을 생산한다.", 이것은 생각해보면 상당히 이상한 이야기이다. 리볼버를 양산할 여유가 있다면 그만큼 M1911을 더 많이 만들면 되는 일이다. 보통은 그렇게 생각할 것이다. 하지만 콜트 사는 오랜 기간 리볼버를 생산해온 회사이기 때문에 리볼버 쪽을 더 쉽게 만들 수 있었다. 자동 권총의 경우 아직 경험이 충분하지 않았기 때문에 생산효율이 그렇게 좋지 못 했던 것이다.

미군은 이 .45구경 리볼버를 발주했다. 원래 이 리볼버의 원형이라 할 수 있는 콜트 뉴서비스 리볼버는 1907년의 제식권총 사업에 1차로 참가했던 제품을 상품화한 모델이었다. 이 때문에 굳이 자동권총 사업에 리볼버를 참가시켰던 것도 제식 채용된 자동권총의 대량생산이 충분하지 못할 경우 대안으로 생산할 리볼버의 성능을 확인하고자 하는 노림수가 아니었

는가 추측되기도 한다.

아직 미군에 납품을 개시하기 전에 먼저 1차대전에 참전한 영국군을 위해 .455 엘리.455 Eley 군용 리볼버를 생산했던 덕분에 .45구경 탄약을 사용하는 리볼버의 생산을 원활하게 시작할 수 있었다.

동시에 S&W도 .45구경 리볼버를 생산했다. S&W는 1907년에 발매한 대형 N프레임의 .44 스페셜 리볼버를 기반으로 콜트와 마찬가지인 .455 엘리 군용 리볼버를 생산하고 있었다. 이것을 .45구경 탄약용으로 개량한 것이다.

콜트, S&W의 양사의 제품은 둘 다 .45구경 M1917Caliber .45 M1917이라 통칭되었다.

자동 권총용 림리스Rimless 탄약인 .45구경 탄약을 리볼버에서 사용하기 위해서 S&W의 기술자가 생각해낸 것은 하프문 클립Half moon clip을 사용하는 것이었다. 반원형의 철제 클립에 3발씩 .45구경 탄을 끼워서 클립 째로 실린더에 장전하는 것이다. 갈퀴로 탄피를 빼내는 것도 가능했다.

콜트와 S&W의 M1917 리볼버는 1917년부터 제1차 세계대전이 끝나는 1919년 초반까지 318,432정이 생산되었다.

물론 M1911의 생산이 등한시된 것은 아니다. 1918년 8월에는 레밍턴 UMCRemington Arms UMC Co. Inc.에서도 생산을 개시하여 21,265정을 생산했다. 또한 캐나다의 노스 아메리칸 암즈North American Arms Co. Ltd.의 도미니온 공장에서도 생산을 시작하였지만 104정을 생산한 시점에서 제1차 세계대전이 끝나는 바람에 생산도 종료되어 버렸다. 이외에도 많은 업체의 M1911 생산계획이 제1차 세계대전의 종전과 함께 취소되었다.

제1차 세계대전 종전 시점의 M1911의 생산수는 723,275정으로 이 중에서 콜트와 스프링필드 조병창이 생산한 수가 701,906정이었다.

M1911은 군용 뿐 아니라 민수시장에도 판매되었다. 이들 민수 모델은 제품 일련번호의 첫 글자 'C'로 구분된다. 민수용 M1911이 생산되기 시작한 것은 군용 모델과 같은 1912년으로, 미국이 제1차 세계대전에 참전하고 있던 1917년, 1918년에도 변함없이 생산·보급되었다. 이 민수 모델에는 얼마 지나지 않아 총몸 오른쪽 측면에 "정부 모델(GOVERNMENT MODEL)"이라는 각인이 새겨졌다.

스프링필드 조병창제
M1911

콜트 내셔널매치

M1911A1

제1차 세계대전은 M1911이 처음으로 실전에 사용된 대규모 전투로, 유럽의 참호전에서 우수한 성능을 발휘하여 높은 신뢰를 얻었다. 하지만 실전에서 사용된 만큼 개량해야 할 점도 나타났다.

스프링필드 조병창은 개량해야 할 점을 정리하여 1922년 3월에 발표했다. 이 개량안에 따라 콜트는 1923년 말에 M1911의 개량 모델을 시험제작하여 무기과에 제출했다.

이 시제품을 시험한 결과 1926년 6월 15일, 이후 모든 M1911 권총은 이 개량형과 같은 사양으로 생산할 것이 결정되었다. 1924년의 개량형은 U. S. Automatic Pistol Caliber .45 Model of 1911A1이라 명명, 통칭 M1911A1으로 불리게 되었다(이 결정일이 1923년이라는 설, 또는 1924년이라는 설도 존재한다).

개량점은 다음과 같다.

- 공이치기를 젖히기 쉽도록 형태를 변경
- 슬라이드가 움직일 때 젖혀진 공이치기가 총을 쥔 손을 찍어 사수가 부상 당하는 것을 방지하기 위해 손잡이 안전장치 뒷쪽 꼬리 부품Tang을 연장
- 손잡이를 확실하게 쥘 수 있도록 손잡이의 메인 스프링 하우징 뒷면을 부풀어오른 형태로 설계하고 미끄럼방지 체커링 가공을 추가
- 방아쇠에 손가락을 올리기 쉽도록 방아쇠 뒷쪽을 덮는 총몸을 깎아낼 것

- 방아쇠를 당기기 쉽도록 방아쇠를 짧게 만들고 방아쇠 앞면에 체커링 가공을 추가
- 빠른 조준을 위해 가늠쇠의 폭을 넓힐 것
- 강선의 개선. 보어 다이아미터를 11.3mm에서 11.25mm로 변경하며 라이플링의 깊이를 0.0762mm에서 0.0889mm로 확대

M1911A1이 미군의 제식권총으로 채용되었지만 실제로 생산되기 시작한 것은 1937년 이후였다. 원인은 이미 기존에 생산된 대량의 M1911 재고가 남아있는 것에 더하여 1929년 10월 24일 뉴욕 월가에서 시작된 세계대공황의 영향, 제1차 세계대전과 같은 대규모 전쟁이 일어나지 않을 것이라는 희망적 관측이 복합되면서 급하게 신형 권총을 대량 생산하여 기존 권총을 퇴역시키고 교체할 필요는 없다고 판단했기 때문이다. 1935년 8월 31일, 미국은 중립법을 제정한다. 이는 대통령이 다른 나라 사이에 전쟁태세가 벌어지거나 또는 내란이 중대화될 경우, 교전국이나 내란국에 무기 또는 군수물자의 수출을 금지하는 법안으로 당시 미국의 국익을 우선하여 타국간의 분쟁에 관여하지 않는다는 고립주의가 바탕이 된 것이다. 최초로 이 법안이 적용된 것은 스페인 내전이었다.

이와 같은 상황 속에서 콜트 사에서는 1937년부터 M1911A1의 생산을 시작했지만, 년간 수천 정 단위의 생산량에 그칠 뿐이었다. 20년대부터 30년대의 콜트는 민수시장을 겨냥한 거버먼트 모델의 생산으로 활로를 개척했다.

M1911A1의 민수 모델은 1925년에 생산이 개시되어 M1911와 마찬가지로 제품 일련번호의 앞머리에 'C'를 붙여서 이들 제품은 'C136000'부터 시작되었다.

1929년에는 .38 슈퍼 탄약을 사용하는 거버먼트 모델의 제조가 시작되었다. .38 오토 탄약을 기반으로 이를 강화시킨 .38 슈퍼 탄약은 130gr의 FMJ 탄약을 1,280fps.로 발사할 수 있었는데 이는 당시 권총 탄약 중에서는 총구속도가 가장 빠른 것으로 이를 통해 바리케이드나 방탄복을 관통할 수 있었기 때문에 금주법시대의 범죄자 등에게서 높은 호응을 얻었다. 하지만 강력한 탄약을 사용하다 보니 정확도가 떨어지게 되었고 이들 탄약을 사용하는 모델의 정확도가 개선된 것은 1980년대에 들어서의 이야기였다. 1929년 시점에서는 총구속도가 가장 빠른 탄약이었지만 1935년에 .357 매그넘이 등장하면서 그 위치도 내주게 되었다.

1937년, 민수용 거버먼트 모델에 슈워츠Swartz 공이 안전장치가 추가된 사양이 개발되었다. 이것은 손잡이 안전장치를 쥐었을 때에만 공이의 잠금이 풀리는 것으로 현대의 자동 권총에는 거의 표준적으로 탑재되는 자동 공이 폐쇄 안전장치AFPBS, Automatic firing pin block safety와 거의 같은 성능을 내는 안전 기구였다. 이 기구가 장비되어 있는 한 총을 바닥에 떨어트리는 등 충격을 주더라도 오발이 거의 발생하지 않게 된다. 하지만 군용 M1911A1은 이 안전장치 기구가 없는 사양으로 채용되었기 때

콜트 내셔널매치

콜트 거버먼트 모델

문에 군납 M1911A1에서는 볼 수 없는 기능이며 얼마 지나지 않아 제2차 세계대전이 발발하면서 민수 모델에서도 자취를 감추게 되었다.

1939년 9월 1일, 독일군이 폴란드를 침공, 같은 달 17일에 소련군이 동쪽에서 폴란드를 침공하여 영국, 프랑스가 독일에 선전포고를 하면서 제2차 세계대전이 발발했다. 영국은 미국에 무기 공급을 요구했고 이것이 받아들여지면서 같은 해 11월에 중립법이 개정되어 영국에의 무기 공여가 가능해졌다. 거기에 덩케르크에서의 영국군 탈출과 독일의 프랑스 점령으로, 1941년 3월에는 무기대여법Lend-Lease이 성립되었다. 이것은 미국이 사실상 제2차 세계대전에 간접적으로 참전하는 것을 의미했다. 이로 인해 1941년의 콜트 사의 M1911A1의 생산량은 그 당시까지의 약 10배인 34,756정으로 껑충 뛰었다. 거기에 같은 해 12월, 일본군에 하와이 진주만 공습을 당한 미국은 일본, 독일, 이탈리아 등 추축국에 대하여 선전포고를 한 후 전쟁 상태에 들어가게 된다. 이로 인해 M1911A1의 생산체제는 크게 확대되었다.

이미 미군은 1939년에 M1911A1의 본격적인 대량생산을 위해 콜트 사 이외의 생산 공장의 선정을 시작, 아이버 존슨Iver Johnson, 새비지 암즈Savage Arms, 해링턴 & 리처드슨Harrington & Richardson, 윈체스터 리피팅 암즈Winchester Repeating Arms, 말린 파이어암즈Marlin Firearms 등의 총기 업체 외에도 재봉틀 제조사인 싱어 매뉴팩처링Singer Manufacturing Company, 활자를 제조하여 조판을 제작하는 기구를 만드는 랜스톤 모노타입 머신Lanston monotype machine, 계산기를 만들던 버로스 애딩 머신Burroughs

Adding Machine 등의 업체가 선정되었다. 이들 업체의 대부분은 제1차 세계대전 말기에 M1911 생산을 예정했지만 전쟁이 끝나서 생산계획이 취소된 전례가 있는 회사들이었다. 이들 중에서 M1911A1의 생산업체를 선정하는 계획으로 500정의 시험생산을 수주한 것이 싱어 매뉴팩처링이었다.

또한 이와 함께 스프링필드 조병창에서도 M1911A1에 게이지 시스템을 적용하는 준비를 진행하고 있었다. 게이지 시스템은 각 부품의 제조 정밀도를 측정하는 게이지go/no gauge를 만들어 이를 이용해 치수를 측정하고, 요구 기준을 만족시킨 제품만을 생산에 돌리는 방식으로 서로 다른 제조사에서 만든 부품이라도 서로 호환되기에 총기 관리 효율이 높아진다는 이점이 있었다. 이전의 총기는 같은 회사의 제품이라도 서로 맞지가 않아서 부품 교환 시 맞는 부품을 찾는 고생을 해야 했다. 이 때문에 중요한 부품에는 일련번호 아래 2개를 할애하여 아귀가 맞는 부품을 찾을 수 있게 했다. M1911A1은 게이지 시스템을 채용한 덕분에 이런 수고가 필요 없게 된 것이다.

1941년 12월, 전시체제에 들어간 미국 정부에서는 싱어 매뉴팩처링에 생산을 지시했다. 하지만 싱어 매뉴팩처링은 최초의 관문인 500정의 시험생산 결과를 통과하지 못 하여 미군으로부터 대량생산 수주를 따내지 못 했다. 이 때문에 미군은 사무기기 업체인 레밍턴 랜드Remington Rand, 총기업체 이사카 건Ithaca Gun, 철도 신호기 제작사였던 유니온 스위치 & 시그널Union Switch & Signal 등 3사와 계약을 맺어 M1911A1의 대량 생산을 요청했다.

레밍턴 랜드는 1927년에 설립되어 타자기와

전동 면도기 등을 제조하던 회사로 소총, 산탄총 등을 제조하는 레밍턴 암즈 컴퍼니와는 별개의 회사였다. 1942년 11월에 M1911A1의 제조를 개시하여 제2차 세계대전이 끝날 때까지 1,032,000정을 제조했다고 전해지고 있다.

이사카 건은 1880년에 창업된 총기 제조사로, 1937년에 제품화된 모델 37 산탄총으로 널리 알려진 회사이다. M1911A1의 500정 시험생산에서 탈락한 싱어 매뉴팩처링으로부터 생산시설 일부를 인계받아 1943년 2월부터 M1911A1의 생산을 시작했는데, 이사카에서는 제2차 세계대전이 끝날 때까지 약 2년 반 동안 369,000정을 생산했다고 전해지고 있다.

유니온 스위치 & 시그널은 1881년에 설립된 철도 신호기 제조사로서 1943년에 생산을 개시하여 55,000정을 생산했다.

제2차 세계대전이 시작된 1939년부터 콜트가 생산한 M1911A1은 약 17,250정으로, 이후 제2차 세계대전이 끝날 때까지 520,316정을 생산했다.

이를 모두 합하면 제2차 세계대전 종전까지 군용으로 생산된 M1911A1의 총수는 1,994,066정이 되는데, 이 가운데 몇 퍼센트가 제2차 세계대전에서 소모되었는지는 알려지지 않았지만, 제2차 세계대전 종전 후 M1911A1의 미 육군 납품이 완료되었고, 이후 1985년에 베레타 모델 92F가 M9라는 제식명으로 채용될 때까지 M1911A1이 다시 납품되는 일은 없었다.

레밍턴랜드제 M1911A1

이사카제 M1911A1

콜트제 M1911A1

콜트제 M1911

콜트제 M1911A1

콜트 거버먼트 모델 .38 Super

시대착오라 일컬어진 1911

1940년대 후반, 미 육군은 제2차 세계대전에서 사용되었던 각국의 군용 권총을 비교한 결과, 미군이 사용했던 M1911A1이 그 중에서도 상당히 무거운 총이었다는 사실을 확인했다. 여기에는 제식탄이 .45구경이라는 점도 원인 중 하나였다. 제1차 세계대전 당시에는 비슷한 크기의 .455 웨블리탄을 사용한 영국군도 .38/200탄을 사용하는 방향으로 바꿨기 때문에 대구경 탄약을 사용하는 나라는 미국 외에는 없었던 것이다. 이것은 군의 조사결과 뿐 아니라 당시의 열광적인 총기 애호가들 사이에서도 어느 정도 퍼져있는 사실로, 당시의 문건 중에서는 M1911에 대한 의견으로 "너무 크고, 너무 무겁고, 너무 다루기 힘들다Too big, too heavy, too awkward" 는 기록까지 발견될 정도였다. 이를 받아들인 미 육군은 9mm 구경 탄약을 사용하는 좀 더 소형경량의 자동 권총을 선정하는 사업을 검토했다.

이 신형 자동 권총의 개발 요청을 받아들인 것은 콜트, S&W, 하이스탠더드High Standard Firearms의 3개 사였다. 하이스탠더드는 .22LR 경기용 권총 제조사로 알려져 있는 회사였지만, 실제로는 22LR 경기용 권총을 제조하는 하트포드 암즈를 1932년에 매각하여 그와 같은 모습이 부각되었을 뿐이다. 하이스탠더드의 경영자인 칼 구스타프 시벨리우스Carl Gustav Swebilius는 항공기 탑재용 .30구경 기관총의 발사주기를 프로펠러의 회전에 동조시키는 장치의 개발에 더하여 정보기관인 OSS용으로 .22LR 소음권총을 공급하는 등 군과의 관계가 깊은 인물이었다. 그러니 군의 신형권총 개발요청을 받아들인다 해도 이상할 일은 아니었다.

당시의 개발요구는 전장 7인치(178mm) 이내, 중량 25온스(708.7g) 이내, 그리고 가능하면 더블액션 방아쇠를 탑재할 것이었는데, 군이 요구한 더블액션 방아쇠는 더블액션만 가능한 DAODouble Action Only가 아니라 더블액션과 싱글액션이 가능한 DA/SADouble Action/Single Action이었다.

당시 반자동 권총에 있어서 DA/SA 시스템의 실용화에 성공한 것은 독일의 발터 외에 마우저, 자우어&존Sauer & Sohn 정도였다(DAO라면 당시의 체코슬로바키아와 프랑스에서도 사례를 찾을 수 있었다). 하지만 당시는 독일의 무기제조를 금지한 시대였기 때문에 독일 총기업체의 협력을 받는 것은 불가능한 일이었고, 각사는 독자적으로 더블액션 기구를 개발할 수 밖에 없었다.

또한 경량화에 있어서는 알루미늄을 사용하는 방법을 생각할 수 있었지만 당시 총기업계에서는 아직 권총에 알루미늄을 사용한 경우가 없었다.

이때 미군 무기과는 폴란드의 라돔 VIS Wz.35에도 흥미를 갖고 있었다. 이 총은 미군용 권총인 M1911A1과 전체적인 조작성이 비슷한 9mm 자동권총이었다. 더블액션 기능은 없었지만 디코킹 기능은 있었다. 크기도 무게도 요구 사양을 크게 넘어섰지만 폭이 얇았으며 휴대성도 나쁘지 않았다. 이 총을 그대로 사용할 수는 없었지만 연구대상으로서 참고할 가치는 있었다. 얼마나 진지하게 검토되었을지는 모르

더라도 미군 무기과에서 라돔 권총을 다수 반입한 것은 사실로 알려져 있다.

콜트와 하이스탠더드는 이 선정 사업에 있어서 경쟁 상대였지만 한편으로는 협력하여 제품 개발을 진행하기도 했다. 그만큼 어려운 과제였을지도 모를 일이다. 1948년부터 1949년까지 걸쳐 하이스탠더드는 T3, 콜트는 T4라는 사업 제출명으로 상당히 닮은 점이 많은 시제품을 무기과에 제출했다.

콜트 T4

콜트 커맨더

한편 S&W는 시제품을 제출했음에도 사업 제출명을 받지 않고 있었다. 이 당시 S&W는 새로이 사장이 된 칼 헬스톰Carl Reinhold Hellstrom의 지휘에 따라 공격적인 경영방침을 세우고 사업재구축을 진행하고 있었다. 따라서 미 육군의 신규 총기 사업은 당연히 놓칠 수 없는 안건이었다. 시제품을 제출하지 않은 것은 아니었고 실제로는 훗날 모델 39로 발전하게 되는 시제품 X46이 1948년 10월에 완성되었다. 하지만 X46은 전장도 중량도 요구 스펙을 만족시키지 못 하고 있었다. T로 시작되는 사업 제출명을 받지 못 한 것은 그 때문일지도 모를 것이다.

이 당시 콜트도 S&W도 요구 항목을 충족시키지 못 하는 제품을 몇 종류씩 제출했던 모양이다. 후에 콜트 커맨더라는 이름으로 시판되는 9mm 모델을 제출하거나, S&W도 싱글액션 사양으로 제조한 모델 39의 시제품과 스틸 프레임의 모델 39 시제품 등을 제출했다.

결국 이 사업은 결론을 내지 못 하고 1950년대 전반에 중지되고 말았다.

1949년, 콜트는 이 사업에 참고품으로 제출했던 커맨더 모델을 민수시장에 선보였다. 기껏 개발한 알루미늄 프레임의 소형판 1911이니 아

무리 군의 요구사항을 만족시키지 못한 물건이라도 판매까지 하지 못할 것은 없었다. 이것이 민수시장에 판매된 최초의 알루미늄 프레임 채용 모델이다. 콜트로서는 최초의 9mm 파라벨럼 사양 1911이기도 했다.

9mm 파라벨럼이라면 전체 크기를 축소할 수 있었으며, 라돔 VIS Wz.35처럼 두께를 줄이는 것도 가능했지만 콜트는 구태여 그런 수고를 들이지는 않았다.

신기하게도 이때 개발된 하이스탠더드의 T3도, 콜트의 T4도 시제품만 제출되었을 뿐 제품화는 되지 못 했다. T3는 그렇다 쳐도 T4는 더

블액션에 대용량 탄창을 채용하여 1970년대 시점에서 이미 1980년대의 트렌드를 앞서 구현한 권총이었다. 이런 총을 제품화하지 않을 이유는 없었다. 하지만 이 9mm 권총사업은 1911의 높은 완성도를 콜트에게 재확인해준 요소도 있었던 듯 하다. 1911이 아직 현역이라는 믿음을 강하게 해주고 괜히 새로운 총을 내놓아서 1911을 낡은 것으로 도태시키고 싶지 않다는 생각도 있었을 것이다. 하지만 콜트의 이러한 생각은 훗날 콜트의 진보를 멈추게 하는 원인이 된다.

한편 S&W는 X46을 모델 39로 발전시킨 후 1955년에 제품화하여 이후 반세기 가까이 자사 자동권총의 기본형으로 삼게 된다.

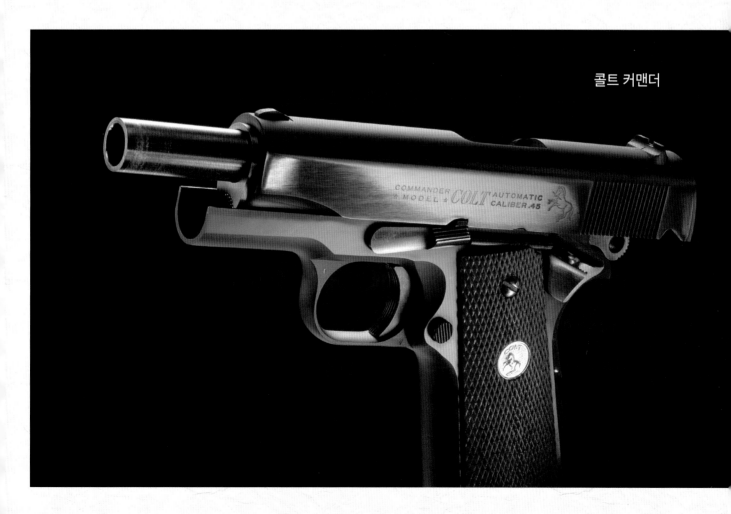

콜트 커맨더

스페인제 1911 클론 모델

20세기 초반, 스페인 바스크 지방의 게르니카와 에이바르 부근에는 중소 제조사들이 다수 존재하여 다양한 총기를 생산하고 있었다. 그러던 중 중소업자 간의 통합이 진행되면서 어느덧 권총 생산은 3개 제조사로 집약되는 형태가 되었다.

가빌론도 이 시아Gabilondo y Cia SA는 1904년에 설립되어 이후 야마Llama를 제품 브랜드로 사용하게 되는 회사이다. 에스페란자 이 시아Esperanza y Cia가 1908년에 설립, 빅토리아Victoria 권총을 개발했으며 1913년에는 스페인군에서 채용한 권총 캄포 기로Campo Giro의 제조 의뢰를 맡았다. 동사가 아스트라Astra의 브랜드 명을 사용하게 된 것은 이후 좀 더 시간이 지난 다음의 일이다.

보니파시오 에체바리아Bonifacio Echeverria는 1908년에 설립되었으며, 만리허Mannlicher의 복제품에 스타Star의 브랜드명을 붙여서 판매하기 시작했다.

이 중에서 독자 설계한 제품을 전개한 것은 아스트라 뿐이어서, 야마와 스타는 주로 존 M. 브라우닝이 설계한 단순한 자동 총기를 베낀 제품을 다수 생산하고 있었다. 제1차 세계대전 중에는 좀 더 단순한 블로우백 모델이 이 복제 총기 사업의 중심이 되었지만 1920년대에 들어서면서 미군의 M1911을 베낀 총기를 제품화

▲야마 .380ACP 1911의 스케일다운 모델

했다.

스타 모델로 밀리타르Star Modello Militar는 1920년에 만들어진 동사 최초의 1911 클론 모델으로 당초에는 9mm 라르고Largo 탄약 사양으로 제품화되었다. 1911을 상당히 닮았지만 안전장치에 큰 차이가 있어서 슬라이드를 관통하는 형태로 회전식 손잡이가 달려있으며 손잡이 안전장치는 달려있지 않았다. 원래 처음부터 완전한 복제품은 아니었지만 1921년 무렵에 들어서면서 손잡이 안전장치를 추가하고 수동 안전장치를 총몸에 장착하면서 어떻게 보아도 1911의 복제품이라 할만한 모양새가 되었다. 사용하는 탄약도 9mm 파라벨럼에 .45구경을 더하여 이후 오랜 기간 동안 이 회사의 주력제품으로 생산하게 된다. 물론 콜트와 브라우닝으로부터 허가를 받았다는 기록은 없다.

가빌론도 이 시아는 제1차 세계대전 중, 권총 부족으로 고민하던 프랑스에도 루비Ruby 권총이라고 불리우는 소형 자동권총을 대량 공급했다. 루비는 브라우닝의 블로우백 권총을 복제한 제품으로, 독자적인 부분이 거의 없는 권총이었다. 브라우닝식 쇼트 리코일 모델의 복제를 시작한 것은 1931년으로 이것은 콜트 모델 1905의 복제품이었다. 1932년이 되면서 처음으로 야마의 브랜드명이 등록되었으며 1933년에는 M1911을 복제했다. 이후 이 회사는 1911 설계의 제품을 그대로, 어떨 때는 축소 복제하는 형태로 다수 공급하게 되었다. 마찬가지로 콜트에게도 브라우닝에게도 라이센스를 받지 않았다. 어차피 스페인은 제2차 세계대전 이전부터 1911계열 복제품의 공급거점이었다.

스타 모데로 슈퍼

1911 커스텀

1911을 기반으로 한 본격적인 커스텀 총기 제작은 1950년대에 시작되었는데, 단순한 구조로 비교적 쉽게 정밀도를 높이는 작업이 가능했다는 점이 그 이유라 할 수 있다. 주로 슬라이드와 총몸(프레임)이 맞물리는 부위의 유격을 줄이거나, 총열 고정의 흔들림을 줄이는 가공, 가늠자와 가늠쇠를 좀 더 사격하기 좋은 조정식 조준기Adjustable sight로 교체, 방아쇠와 시어의 연결을 부드럽게 하는 등, 1911은 다양한 개조를 할 수 있어서 많은 건스미스들이 1911의 개량에 뛰어들었다. 클라크 커스텀 건즈Clark Custom Guns는 일찍이 미 해군의 불즈아이 경기의 내셔널 챔피언인 짐 클라크Jim Clark가 1950년에 창업한 커스텀 건스미스였으며, 존 길스John Giles는 50년대부터 80년대에 걸쳐서 활약한 건스미스로 슬라이드 상단에 풀 렝스 리브Full Length Rib를 얹은 불즈아이 커스텀을 특기로 했다. 프랭크 로버트 밥 차우Frank Robert "Bob" Chow는 1930년대 해군에서 다수의 국제기록을 획득하여 60년대에는 샌프란시스코에 총포상을 개업, 경기용 사격 전문 커스텀 건을 선보였다. 리쳐드 쇼키Richard Shockey가 완충 스프링 부품에 이른바 "쥐덫Mousetrap"이라 불리는 작은 스프링을 추가하여 총열의 안정성을 높인 것은 1953년의 일이었다. 이보다 조금 전인 1949년에는 알 카포네Al Capone, 유명 마피아 두목과는 동명이인이 남부 캘리포니아에 킹스 건 워크King's Gun Works를 개업했다.

실제로는 이보다 좀 더 이전 시기부터 1911의 커스텀 문화가 있었다는 설도 있는데, 1929년에 총기상을 개업한 프랭크 패치메이어Frank Pachmayr가 법집행관들을 위한 커스텀 건을 제공했다는 것이 그 원류라는 것이다.

1911이 지닌 전투용 권총으로서의 잠재능력을 일찍부터 깨달은 이들이 섬 세이프티Thumb safety, 총을 쥔 엄지 손가락으로 조작하는 수동 안전장치를 크게 만드는 등 독자적인 아이디어로 1911의 성능을 올려왔을 것이다. 어쨌거나 1950년대부터 1911의 커스텀이 특히 활발해지면서, 제프 쿠퍼Jeff Cooper가 해군을 전역하여 컴뱃 피스톨 슈팅Combat Pistol Shooting을 확립하게 된 1960년대 전반에는 1911의 경기용 커스텀과 부품이 큰 역할을 하기 시작했다. 기본 상태에서는 아무래도 쓰기 편하다고는 하기 어려운 1911이 극적인 변화를 거쳐서 궁극의 실전용 권총으로 변화하게 된 것이다.

아먼드 스웬슨Armand Swenson은 앞부분이 각진 각형 방아쇠 울Square Trigger Guard과 좌우 연동 수동 안전장치Ambidextrous Manual Safety를 만들어낸 것으로 유명하다. 그 외에도 총열의 정확한 위치와 기능, 총몸 앞부분의 체커링

등 1911을 현대에도 통용할 수 있게 하기 위한 개량에 많은 실적을 남겼다.

리쳐드 하이니Richard Heinie는 1973년에 총기상을 개점했으며, 콜트도 1911의 경기용 권총으로서의 가능성을 확인했다. 1932년 오하이오주 캠프 페리에서 개최된 내셔널매치(전미사격 선수권)에서 거버먼트 모델의 경기용 사양이 발표되었다. 이 모델이 바로 내셔널매치 오토 피스톨National Match Auto Pistol로, 1935년에는 스티븐즈Stevens 조정식 조준기를 탑재하게 되었다. 이 경기용 사양은 1941년 미국이 제2차 세계대전에 참전하게 되면서 생산이 중지되었다.

1957년, 슬라이드의 톱니모양 요철부위를 경사지게 하고 새로이 설계된 엘리어슨Elliason 가늠자와 조정식 방아쇠 등으로 구성된 골드컵 내셔널매치Gold Cup National Match로 경기용 1911이 부활했다. 이 모델은 시어 부분에 시어 디프레서Sear Depressor라 불리는 작은 부품과 용수철이 추가되어 있었다. 이것은 방아쇠를 당겼을 때 방아쇠와 공이치기의 상태를 안정시키기 위한 기구이다. 1960년대에는 .38스페셜 와드커터.38 Special Wadcutter 탄약을 사용하는 골드컵 내셔널매치가 추가되었다.

1970년, 콜트는 1911의 신형을 발표했다. 그렇다 하더라도 큰 변경점은 배럴 부싱 뿐이었다. 부싱 자체에 스프링 탄성을 부여하여 총구를 좀 더 확실하게 잡아주도록 한 것으로 이를 통한 정확도 상승을 추구한 것이다. 이 개량이 적용된 제품이 마크 IV 시리즈 '70이라 불리우는 모델이다. 이 부싱은 풀 사이즈 거버먼트 모델과 골드컵 내셔널매치에도 채용되었으나, 단축 버전인 커맨더에는 채용되지 않았다. 또한 1970년대에는 스틸 프레임을 사용한 커맨더 모델인 컴뱃 커맨더Combat Commander가 발매되었다.

▲초기의 1911 커스텀은 S&W의 K 가늠자를 슬라이드에 장착하는 경우가 많이 보인다.

▲70년대의 전형적인 커스텀 모델. 스퀘어 트리거 가드, 길이를 연장한 방아쇠, 양면 대칭형 안전장치, 보마 BO-MAR 가늠자, 비버테일 손잡이 안전장치, 패널 매거진웰Magazine well을 탑재하고 있다.

1911 클론의 등장

1977년에 AMTArcadia Machine &Tool에서 컴뱃 거버먼트Combat Government와 하드 볼러Hard-baller를 시판했다. 이것은 1911에 조정식 가늠자와 조정식 방아쇠, 확장형 안전장치Extended Safety, 비버테일 손잡이 안전장치Beaver Tail Grip Safety, 손잡이 상단과 슬라이드 사이에 배치되어 슬라이드 후퇴 시 공이치기가 손을 찍는 것을 방지하는 부품, 비버의 꼬리처럼 길고 넓적한 모양 때문에 붙은 이름이다-역자 주에 약실 장전 표시기Loading Chamber Indicator, 약실의 탄약 유무를 확인할 수 있는 부품-역자 주를 탑재한 총기이다. 소재는 스테인리스 스틸로, 미국산 권총으로는 최초의 1911 클론이다. 이때까지는 스페인제 1911 클론이 다수 수입되었지만 이들 총기는 단순한 카피 제품으로 평가되어 그다지 주목을 끌지 못 했다. 총기 제조사는 특허 보유에는 상관없이 자사 고유의 디자인으로 승부하는 것이 당연하므로 타사의 디자인을 모방하여 자사제품으로 삼는 방식은 높게 평가할 수 없다는 이유에서였다. 당시 스페인의 카피 총기 중 스타를 수입하는 것은 인터 암즈InterArms Inc., 야마를 수입하는 것은 스토거Stoeger였다.

그런 상황 속에서 AMT는 1911 디자인의 제품을 시판했다. 하지만 본가 콜트에는 없는 스테인리스 모델에 기능성을 높이는 부품들을 탑재하여 단순한 카피라고 볼 수 없는 제품이었다. 1978년 시점에서 본가 콜트의 마크IV 시리즈'70이 $253.95, 골드컵은 $340.50였던 것에 비해, AMT 하드볼러는 $450, AMT컴뱃 거버먼트는 $395로 훨씬 비싼 가격에 판매되었다. 이후 하드볼러는 7인치 총열을 사용하는 롱 슬라이드 사양 등이 추가되면서 어느 정도 주목을 끌었다. 당시 콜트 거버먼트를 기반으로 한 롱 슬라이드 모델이 존재하기는 했지만 슬라이드 2개를 절단하여 용접으로 연결하는 수고를 들이는 건스미스 워크가 필요했던 것에 반해, 하드볼러 롱슬라이드는 양산형 제품이었기 때문에 가격도 $595, 건스미스의 손을 거친 커스텀 총기보다는 비교적 저렴한 편이었다.

70년대 후반은 1911 클론이 조금씩 모습을 드러내기 시작하던 시기였다. 1978년 CAC 코퍼레이션이라는 제조사에서 컴뱃 .45라 불리는 제품을 만들고, 산탄총으로 유명한 모스버그Mossberg가 판매를 맡는다는 기획이 발표되었다. 이것은 순수한 1911 클론은 아니었지만 총몸의 디자인은 거의 1911과 같았고 슬라이드 측면에 좌우 연동 수동 안전장치가 탑재된 것을 뺀다면 1911의 카피라고 할 수 있을 정도였다. 1979년 미국의 총기 업계의 행사인 SHOT SHOW에서 공개되고 수 년 후에 시판되었지만 그다지 주목을 끌지는 못했다.

1978년에는 뉴욕주의 크라운 시티 암즈Crown

AMT 하드볼러 롱 슬라이드

City Arms가 거버먼트의 완전 카피모델을 발표했다. 스테인리스제 슬라이드와 알루미늄 총몸을 사용하며 .38 슈퍼, 9mm 파라벨럼, .45ACP 모델로 제품을 전개할 예정이었지만 이 역시 주목을 받지는 못했다.

1980년대 경, 캘리포니아주 새크라멘토의 퍼시픽 인터내셔널 머천다이징 코어Pacific International Merchandising Corp.에서는 베가 스테인리스 .45 오토VEGA Stainless .45 Auto라는 제품을 시판했다. 이 역시 1911의 복제품이었지만 사명에서 알 수 있듯이 자사공장 없이 각 업체의 공장에 부품 생산을 의뢰하고 그 부품들을 모아 조립한 완제품을 시판한 것이었다.

1982년에는 아미넥스 트라이파이어Arminex Trifire라는 제품이 등장했다. 이 또한 1911의 복제품이었지만 슬라이드에 좌우 연동 사양인 수동 안전장치가 장착되어 있었다. 하지만 디코킹 기능과 손잡이 뒷부분의 손잡이 안전장치는 없는 제품이었다. 기계구조적으로는 1911과 거의 같은 총기였지만 트라이파이어라는 이름처럼 총열과 탄창을 바꾸는 작업 만으로 .45ACP, 9mm 파라벨럼, .38 슈퍼 탄약을 사용할 수 있다는 특징을 가지고 있었다. 하지만 이 제품은 약 400정 가량 만이 생산되는데 그쳤다.

같은 1982년, 사파리 암즈Safari Arms는 1911 클론인 매치마스터Match Master의 제조를 시작하게 된다. 조정식 가늠자와 좌우 연동 수동 안전장치, 비버테일 손잡이 등으로 구성된 공장 주문제작형Factory Custom 모델이었다. 손잡이 앞부분 가운데에 중지와 약지 사이에 손가락을 걸칠 수 있는 고랑Finger Groove이 있는 것이 겉모습에서의 가장 큰 특징이다. 거기에 각형 방아쇠울의 공간이 좀 더 연장되어 방아쇠에 걸치는 검지손가락에 대한 방해를 줄이는 배려를 더했다. 물론 이런 여러 요소 덕분에 $533.95인 콜트 골드컵보다 훨씬 비싼 $631.8에 판매되었다. 사파리 암즈는 이후에도 계속 1911의 클론을 제작했지만 1987년에 올림픽 암즈Olympic Arms에게 인수되었다.

1983년에는 항공기 장비품 제조회사인 켄 에어Ken Air가 한국의 주문으로 1911의 복제품인 .45구경 권총을 제조할 준비를 진행했다가 구매주문을 취소되는 일이 있었다.

켄에어는 신규 업체인 랜달 파이어암즈Randall Firearms Company를 설립하여 1983년에 미국 내수시장 판매를 개시했다. 이 모델은 스테인리스 소재를 사용하고 1911을 반대로 복제한 왼손잡이 사양을 포함하여 24종의 제품을 전개했지만 제품 그 자체의 품질이 딱히 뛰어난 구석이 없어서 1984년 말에는 생산이 중지되었다.

그 뒤를 잇듯이 1985년에는 스프링필드 아머리Springfield Armory에서 1911-A1의 생산을 개시했다. 이 회사는 1777년에 세워진 스프링필드 정부 조병창이 아니라 그 명칭사용권을 구매한 사기업으로, 부품은 인건비가 저렴한 브라질에서 생산하고 그것을 미국 내에서 조립하여 제품화한다는 전략을 가진 회사였다. 제품의 품질은 결코 높다고는 할 수 없는 2류 제품이었지만 콜트가 상용 모델을 '80 시리즈로 바꾼 것과 1985년에 시작된 콜트의 노동분쟁이 스프링필드 아머리의 운명을 바꿔놓았다.

시리즈 '80

1978년, 미공군의 신규 제식권총 사업이 시작되었다. 이것은 1979년에 미국의 전군 제식 권총을 갱신하는 JSSAPJoint Service Small Arms Program, 미군 통합형 제식 소화기 계획에서 발전한 것으로 1981년에 XM9 사업이 시작되었다. 오랜 시간에 걸쳐서 진행된 이 사업의 결과, 1985년 1월 14일에는 베레타 모델 92SB-F가 차기 미군 제식 군용 권총인 M9으로 결정되었고, 콜트 SSP는 초반심사에서 탈락하고 말았다. 콜트의 제품 개발력이 시대에 뒤떨어진 것이 분명히 드러난 것이다. 1940년대에 T4를 시험제작한 이후에는 새로운 시대에 맞는 신제품을 개발하는 대신 줄곧 거버먼트 모델을 개량해온 대가가 돌아온 것이다.

비록 SSP는 탈락했지만 이것을 기반으로 새로운 시대에 맞는 제품을 개발했다면 상황은 나아졌을지도 모르는 일이었다. 하지만 콜트가 선택한 것은 거버먼트 모델의 업데이트였다. XM9 사업에서는 안전기구로 자동 공이 폐쇄 안전장치Auto Firing Pin Block Safety의 탑재가 필수조건이었다. 만약 이것을 탑재한다면 싱글액션 자동권총인 거버먼트의 콕 & 록Cock & Lock: 공이치기를 뒤로 젖히고(Cock) 안전장치를 건(Lock) 상태의 휴대 안전성이 크게 올라가게 되는데, 이를 통해 거버먼트 모델이 앞으로도 제1선의 총기로 존재할 수 있을 것이라 생각한 콜트는 1983년, AFPBS를 탑재한 시리즈 '80을 발표했다. 1937년에 이미 시판 모델에 탑재했던 슈워츠 공이 안전장치를 그대로 탑재했다면 좋았겠지만 어째서인지 콜트는 공이 안전장치의 폐쇄 상태를 방아쇠를 당기는 작동에 연동하여 해제하는 새로운 설계를 적용했다. 1980년대에 등장한 AFPBS는 방아쇠를 당겨야Trigger pull 공이 안전장치 해제가 진행된다. 하지만 이런 구조라면 방아쇠를 당기는 느낌이 무거워진다. 한편 슈워츠 공이 안전장치는 폐쇄해제를 손잡이 안전장치와 연동시켜 놓았기 때문에 방아쇠 압력을 악화시키지 않는다. 결과적으로 콜트 시리즈 '80이 채용한 방식은 방아쇠의 느낌을 악화시키는 것에 지나지 않았기 때문에 많은 사용자이 불만을 품게 되었다. 거기에 1985년에는 콜트에서 대규모 노동쟁의

가 발생하여 공장의 노동자들이 파업을 일으켰다. 이 노동분쟁이 해결될 때까지 최종적으로 5년의 세월이 소모되었다. 그 사이의 생산을 진행하기 위해 경험이 부족한 대체노동자가 투입되었는데, 이것은 결과적으로 콜트의 제품 품질을 저하시키게 되었고 많은 사용자들이 콜트 제품 구입을 꺼리게 되었다. 소비자들이 스프링필드 아머리의 제품으로 눈을 돌리게 된 것은 콜트의 제품에 이러한 문제가 있었기 때문이다. 1985년 당시 스프링필드 아머리의 SFA 1911-A1은 $255.00, 한편 콜트 거버먼트 모델 마크IV 시리즈 '80은 $491.95로 훨씬 비쌌다. 그럼에도 불구하고 품질이 좋지 않다면 구태여 콜트 제품을 선택할 필요는 없다는 결론이 나오는 것이다.

경기용 커스텀 모델의 경우에도 오랜 세월 동안 콜트가 독주했지만 1985년 이후 스프링필드 아머리 제품을 기본으로 한 커스텀 총기가 만들어지게 되었다. SFA 모델들의 품질이 그렇게 빼어난 것은 아니었지만 커스텀 총기의 제작은 기본이 되는 총기의 품질이 조금 떨어지더라도 큰 문제는 없었다.

스프링필드 아머리는 1986년부터 IPSC슈터에 대응하는 스폰서 사업을 개시하여 자사의 브랜드 가치를 높이는 전략을 전개했다. 1989년에는 자사 커스텀 숍을 개설하고 다수의 건스미스를 포용하여 스프링필드 아머리의 커스텀을 공급하게 되었다. 이를 통해 스프링필드 아머리는 1911 클론을 공급하는 최대의 업체로 발전했다.

1911클론 시장에는 스프링필드 아머리와 비슷한 시기에 오토 오더넌스Auto Ordnance, 사파리 암즈, 페더럴 오드넌스Federal Ordnance 등의 업체가 진입하였으나 어느 업체도 스프링필드 아머리의 아성을 넘어서지는 못 했다. 전성기 시절 스프링필드 아머리가 스폰서가 되어준 IPSC 슈터는 50명 이상일 정도였다. 하지만 갑자기 사업을 확대하는 바람에 경영능력을 넘어서는 상황을 맞이하여 한때는 도산의 위기를 겪기도 했다.

이후 사업재구축을 통해 회사를 재정비하였으나 1995년에 킴버Kimber사가 1911 클론을 발표, 시장의 요구에 맞는 제품 전개로 시장점유율을 잠식해 나갔다.

20세기말에 이르러서는 킴버와 스프링필드 아머리가 1911 클론 시장을 석권하는 형태가 되며, 본가인 콜트는 사업성의 악화로 1999년에는 민간 사양의 제품을 대대적으로 축소하는 결정을 하게 된다. 거버먼트 모델과 그 파생형은 여전히 생산되고 있지만 1911계열 총기를 고르면서 콜트 제품을 선택하는 사용자는 극히 소수로 줄어들었다.

콜트 컴뱃 거버먼트 시리즈 '80

▲스프링필드 아머리 제품을 베이스로 하는 윌슨 커스텀

하이캡 프레임화

.45구경 탄약을 사용하는 1911의 탄창 용량
Magazine Capacity을 늘리기 위해서는 확장 탄
창Extended magazine을 사용하는 것 외에는 방
법이 없다고 생각되었다. 탄약이 2열로 들어
가는 복열탄창Double Stack Magazine을 채용하
게 되면 손잡이가 쥐기 힘들 정도로 두터워질
우려가 있었기 때문이다. 하지만 캐나다의 파
라 오드넌스 사는 1985년에 1911의 하이캡 컨
버전 프레임으로 사업을 개시, 2000년에는 컴
플리트 모델인 P-14를 발표했다. .45구경 복열
탄창을 사용, 13발을 장전할 수 있게 되었는데,
이는 기존의 1911의 배에 가까운 용량이다. 손
잡이가 다소 두터워졌지만 그렇다고 쥐기 어
려울 정도는 아니었다.
STI 인터내셔널STI International은 1990년에 커
스텀 1911 시장에 진입하여 1993년에는 폴리
머 소재를 사용한 2011 하이캡 프레임을 완성
했다. STI는 다음해 스트레이어 보이드(Strayer
Voigt Inc)가 분사하여 현재의 인피니티 파이어
암즈로 발전한다.

이스라엘의 불 트랜마크Bul Transmark는 1990
년에 설립되어 폴리머 소재 하이캡 프레임 설
계인 M-5를 제품화했다. 이 프레임은 한때 윌
슨 컴뱃Wilson Combat에도 채용되어 택티컬 캐
리 피스톨 KZ-45이라는 제품명으로 미국 내수
시장에서 판매되었다.

▲SV인피니티의 더블스택 탄창

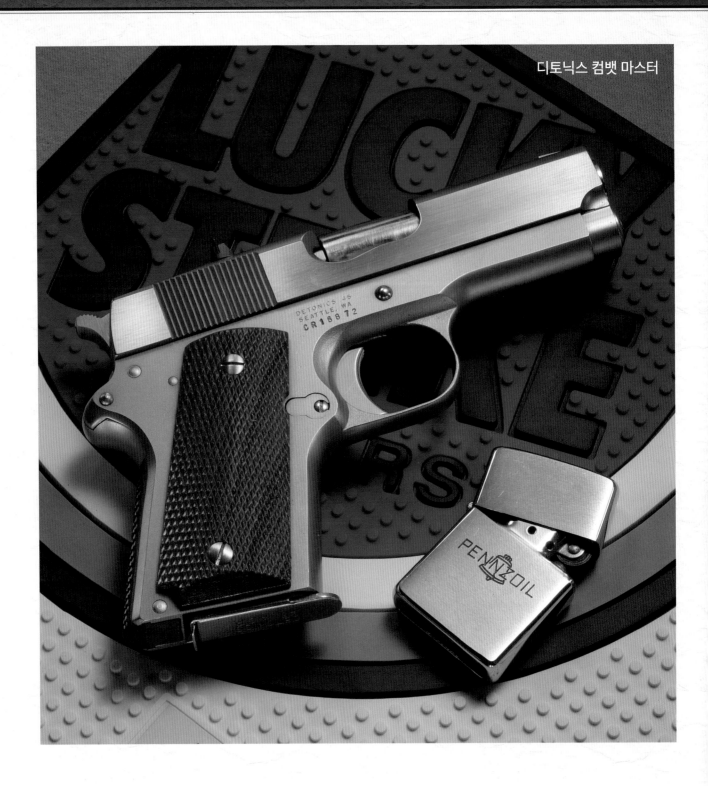

컴팩트 모델

디토닉스Detonics에서는 1976년에 1911의 컴팩트 모델을 발매했다. 1911 오토의 슬라이드, 총열, 총몸을 짧게 만드는 컷다운Cut down 타입의 컴팩트한 자동권총을 개발하는 연구는 디토닉스의 창업자인 팻 예이츠Pat Yates가 1960년대부터 추진했던 과제로, 그 결과물이 바로 디토닉스 컴뱃 마스터Combat Master이다. 최대의 특징은 콜트가 총열 안정을 위해 채택한 배럴 부싱을 사용하지 않고 총열이 스스로 중심을 찾는 자동 총열 조정 시스템self- adjusting cone barrel centering을 채택한 것이다. 당초에는 시판되는 콜트 .45구경 모델을 기반으로 개

량한 일종의 커스텀 모델을 판매하다가 얼마 후 자사 공장에서 생산하는 방향으로 전환했다. 1970년대 중반 당시는 기본 사이즈의 자동권총의 총열, 총몸, 슬라이드를 잘라서 크기를 축소시킨 커스텀 모델이 다수의 건스미스의 손에 의해 만들어지던 시대였는데, S&W 모델 39를 기반으로 한 데벨Devel이나 ASP가 유명했으며 디토닉스도 그런 시대에 등장하여 주목을 받던 업체였다. 이후 기본 사이즈 1911의 복제품인 스코어 마스터Score Master 등을 공급하는 등의 활동을 전개하기도 했다.
1985년에는 본가인 콜트가 디토닉스의 주력상품과 같은 컷다운 모델인 오피서즈 ACPOfficer'

s ACP를 발매하며 1911의 컴팩트 모델 시장에 참가했다. 디토닉스는 1987년에 파산했고 새로운 경영자가 뉴 디토닉스라는 이름으로 사업을 전개했으나 이 역시 1992년에 시장에서 소멸하고 만다. 1911 클론을 만들던 다수의 메이커에서 컷다운 모델 역시 다양하게 상품화되는 가운데, 차별화된 상품성을 만들어내지 못했기 때문이다. 이후 디토닉스의 부활의 움직임이 없었던 것은 아니지만 결국 명맥을 유지하는 데는 실패했다. 1911의 컷다운 컴팩트 모델은 지금도 각 업체에서 인기리에 판매되고 있다.

더블액션(DA)으로의 시도

루드윅 빌헬름 시캠프Ludwig(Louis) Wilhelm See-camp (1901~1989)는 1971년까지 모스버그에서 기술자로 근무했다. 이후 1973년에 L. W. 시캠프L. W. Seecamp Co.를 설립하고 1911에는 더블액션화 개조(미국 특허 #3,722,358)을 수주하게 된다. 시캠프의 개조 더블액션은 70년대부터 80년대에 걸쳐 약 2,000정이 제조되었다고 알려지고 있다. 대량생산품이 아닌 개조 모델이긴 하지만 최초의 .45구경 더블액션 오토 모델이었다. 70년대는 더블액션에 대한 시장의 요구가 높아져서 인기가 높은 1911계열에서도 더블액션 모델이 나올 만 했지만 콜트는 시장 수요에 대하여 별다른 대응을 보이지 않았다.

O.D.I 바이킹 컴뱃 더블액션 오토O.D.I. Viking Combat D.A. Auto는 시캠프가 설계한 시스템을 탑재한 제품으로 O.D.IOmega Defensive Indus-tries에서 제조하여 1981년부터 수년간 공급되었다. 시캠프의 제품은 콜트 시제품의 개조판이었지만 O.D.I.제는 독자적으로 제조한 1911에 더블액션 시스템을 탑재한 제품이었다. 9mm 파라벨럼과 .45구경의 2가지 탄약을 사용하는 모델이 출시되었는데 이중 바이킹 IIViking II라고 불린 모델은 4.5인치 총열에 9mm 탄약을 사용하며 슬라이드에 공이 폐쇄 안전장치를 탑재한 제품이었다. 하지만 그다지 시장의 눈길을 끌지는 못 했다.

이외에도 1911의 더블액션 모델은 계속해서 등장했다. 1995년에는 미첼 암즈Mitchell Arms에서 알파 오토 피스톨Alpha Auto Pistol을 발매했다. 이 총은 1911에 새로운 방아쇠 모듈을 탑재한 것으로 DA/SA 방아쇠는 물론, DAO 방아쇠에도 대응할 수 있었다. 총몸에 탑재된 안전장치에는 디코킹 기능이 추가되었다. 하지만 이 제품 역시 그다지 성공하지 못 하고 사라졌다. 결론적으로 1911의 클론을 만든 업체 대다수는 1911에 더블액션 방아쇠를 탑재하지 않았다. "(방아쇠에) 더블액션 기능을 집어넣으면 그건 더 이상 미국인이 좋아하는 1911이 아니다"라는 생각 때문일지도 모른다.

시캠프는 유명한 회사였지만 그다지 많은 제품을 생산하지는 못 했으며 O.D.I. 역시 제품으로 성공하지는 못했다는 점을 본다면 의외로 저런 이유 때문일지도 모를 일이다.

1989년의 콜트는 1911 계열의 더블액션 모델이라 할 수 있는 더블이글Double Eagle을 제품화한다. 하지만 이것은 이제 더 이상 콜트가 제대로 된 신제품을 개발할 수 없다는 사실을 증명하는 것과도 같은 제품이었다.

방아쇠 뒤에 연결된 방아쇠 막대Drawbar가 총몸 안에 내장되어 있는 것이 아니라 손잡이 겉에 배치되어 있고 그것을 손잡이 덮개로 가린

다는 꼴사나운 모양새의 제품이었다. 설계를 외부 기술자에게 맡겼다고는 하지만 결국 더블이글은 인기를 끌지 못 하고 수 년 후 생산이 중단되는 신세가 되어버린다. 총기 애호가의 입장에서 봤을 때도 더블이글을 1911의 DA모델이라고는 인정하고 싶지 않았을 것이다.

1999년, 1911 클론 제조사 중 하나인 파라오드넌스에서 LDALight Double Action 시리즈가 등장하게 된다. 디자인적으로는 기존의 1911과 크게 다를 게 없지만 방아쇠 부분에 DA 구조가 적용된 제품군이었다. 이 모델은 기존의 DA와 달리, 장전을 위해 슬라이드를 당겼을 때 공

이치기가 젖혀지면서 공이치기 스프링이 압축된 상태를 유지하여 격발 시 더블액션이면서도 가벼운 방아쇠 감각을 제공할 수 있었다. 이로 인해 1911에 걸맞는 DA구조가 등장했다고도 볼 수 있겠지만 결국 파라오드넌스의 LDA도 시장의 주역이 되지는 못 했다. 파라오드넌스는 2008년에 사명을 파라Para로 변경한 후 2011년경부터는 기본 사이즈 모델에서 LDA 설계를 빼버리고, 호신용 총기인 컨실드 캐리 모델Concealed Carry Model에만 LDA 설계를 남겨두었다. 결국 이것은 1911에 DA는 불필요하다는 반증일지도 모르겠다.

시캠프 커스텀

21세기의 1911

1977년부터 시작된 1911 클론 제품군의 증가는 2000년대 이후에도 계속되어 경영이 어려워진 콜트는 1999년 자사 제품군을 대대적으로 축소하여 모든 더블액션 리볼버를 제조 중지하는가 하면 체코의 CZ를 콜트 브랜드로 미국시장에 공급하는 계획을 발표한 직후 신형 자동권총인 Z40의 판매계획을 중단했다. 그 결과 콜트 브랜드의 제품은 1911계열과 싱글액션아미 만이 남게 되었다. 하지만 그마저 1911조차도 스프링필드 아머리나 킴버와 같은 업체에게 잠식당한 데다 1911 클론 모델을 제조하는 회사가 계속해서 등장하는 상황이었다.

"S&W에게는 자존심이란 것도 없는가?"같은 비난도 받았지만 일단 내기만 하면 어느 정도만큼은 잘 팔릴 것이 보장된 1911을 S&W는 이전부터 계속 팔고 싶어했다. 2003년은 아직 M&P 시리즈가 제품화되지 않은 시기로, S&W로서는 잘 팔리는 상품이 절실했던 때였다. 경영모체가 달라진 것도 1911 발매에 영향을 준 이유 중 하나였다.

일단 S&W의 1911인 SW1911이 시장에 나오자 그에 대한 평가는 상당히 좋았다. 이는 이후 다른 대형 제조사들까지 1911의 클론 모델 생산에 뛰어드는 계기가 되었다.

S&W에 이어 1911 클론 모델을 내놓은 것은 SIG자우어였다. 이후에도 루거, 레밍턴, 토러스 등 여러 대형 제조사들이 1911의 복제품 시장에 뛰어들었다. 이제 더 이상 1911은 콜트의 제품이라고 말하기 어려운 처지가 되었다.

그러던 중 2012년 7월 20일, 미 해병대 시스템 사령부MARCORSYSCOM에서 노후화된 MEU 권

소비자 입장에서는 더 이상 콜트를 선택할 이유가 없는 것이었다.

2003년에 S&W까지 1911복제품인 SW1911을 발표하자 많은 사람이 놀랐다. 19세기 후반 이후 미국의 총기 업계에서 콜트와 라이벌 관계를 유지해온 S&W가 콜트의 간판 제품인 1911의 클론 모델을 자사 제품으로 판매했기 때문이다.

콜트 M1070 CQBP
M45A1

총을 대체하기 위해 실시한 차세대 권총 사업의 경합 결과, 콜트의 M45A1 CQBPClose Quarter Battle Pistol이 채택되었다. 이것은 콜트 사에 있어 모처럼의 밝은 뉴스였다. 1911의 컴플리트 모델이 미군에 채택된 것은 1945년 이래 처음 있는 일이었다.

브라우닝과 콜트의 기술자가 협력하여 만든 자동권총이 미군에 채용되어 M1911이라 불리게 된 이후 올해로 107년이 되었다. 아무리 개량을 거듭했다고 하나 1세기 이전에 개발된 총기가 현재까지 사용된다는 것은 권총 분야에서는 찾아보기 힘든 사례로, 단지 사용될 뿐 아니라 1911을 손본 모델들이 현재에도 가장 선구적인 전투용 권총 중 하나로 인정받고 있다는 사실은 그저 놀라울 따름이다.

1911 이후로도 잘 만들어진 권총은 이루 말할 수 없이 쏟아져 나왔다. 그러한 권총들은 높은 평가를 받았으며 널리 사용되었지만 권총의 트랜드가 바뀌고 시대가 흐르면서 역사 뒤로 사라져갔다. 하지만 1911은 그렇지 않다. 제2차 세계대전 이후에는 일시적으로 시대에 뒤처진 총기로 평가받기도 하였지만 1911의 디자인이 실전적인 전투용 권총의 모습임을 인식시켜 1970년대에도 살아남을 수 있었다. 페이지 아래에 보이는 1911의 모습은 현대에도 활약하고 있는 1911의 기본 스타일이다.

현재의 트랜드는 폴리머 소재 총몸에 방아쇠 안전장치를 탑재한 글록과 같은 스트라이커 Striker Fired 방식의 총기로, 이는 전통적인 1911과 전혀 다른 스타일이다. 하지만 1911은 이러한 유행과 상관없이 인정받고 있다. 다음 시대가 오더라도 1911은 여전히 살아남을 것임에 틀림없다.

Infinity 5.4" Barrel

IPSC 스탠더드 디비전 용으로
디자인된 5.4인치 총열 인피니티

Yasunari Akita

5.4인치 총열과 그에 맞는 긴 슬라이드를 가진 인피니티가 존재한다. 어째서 이렇게 길어진걸까? 1911의 기본 사이즈는 5인치이지만 미국 내에서 독자적으로 변형된 IPSC 경기인 USPSA의 리미티드 건 부문에서는 총기의 사이즈 제한이 없기 때문에 더욱 긴 조준장Site Radius를 원하는 경기 참가자는 6인치 모델을 선호하게 된다. 하지만 국제경기인 IPSC의 동일 부문에 해당되는 스탠더드 디비전의 경우 빈 탄창을 포함한 상태로 IPSC 규정 상자규격 (225mm x 150mm x 45mm) 안에 들어가는 크기의 총기 만을 사용할 수 있다. 이 규격에 아슬아슬하게 맞을 정도까지 길이를 연장한 것이 바로 이 5.4인치 모델이다.

▲이 인피니티 모델은 샌디 스트레이어Sandy Strayer 사장이 절친한 프로 슈터인 타란 버틀러Taran Butler에게 선물한 모델이다.

▲인피니티는 CNC로 가공한 절삭 부품과 정밀한 피팅 등, 고품질 1911 제작으로 정평이 난 업체이다. 이 회사의 제품들은 우수한 내구성과 높은 명중률, 신뢰성과 함께 수작업으로는 구현하기 어려운 빈틈없으면서 매끄러운 독특한 작동감으로 세계의 프로 슈터들로부터 높은 평가를 받고 있다.

▲연장된 조준장. 슬라이드 상면에 톱니 요철 가공이 적용되어 있다.

▲티탄 나이트라이드Titanium Nitride로 마감 처리된 총열

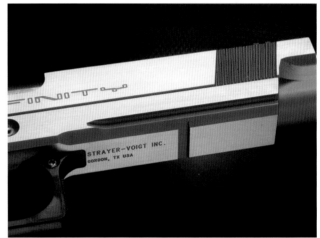

▲총열 아랫부분을 받쳐주는 것은 총열 안정을 위한 서포티드 리버스 스프링 플러그Supported Reverse Spring Plug이다.

▲먼지덮개에는 액세서리 레일이 가공되어 있다.

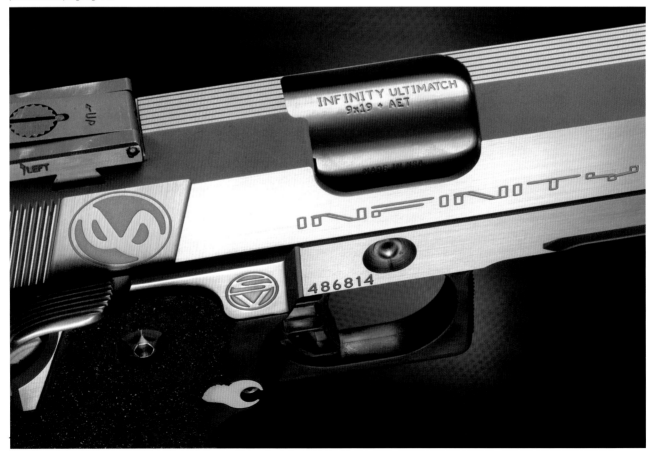

▲총열에 있는 AETAccuracy Enhancing Technology 각인은 인피니티의 제조사인 SVI 고유의 사격 성능을 높혀주는 기술을 총괄적으로 지칭하는 약어이다. 고유의 총열 라이플링Gain Twist rifling, 약실 장탄을 위한 최적의 각도가 적용된 진입 램프Optimum Feeding Angle curved ramp 등을 나타낸다.

타란의 취향으로 채택된 손잡이 표면의 테이핑
은 거친 표면 질감을 주며 그 덕분에 매우 뛰어
난 안정감을 느낄 수 있다. 손잡이 아래의 두툼
한 부품은 탤런의 회사에서 제조한 TTI 경기용
매그웰TTI Competition Magwell로, 손잡이를 잡은
손의 손날 부분을 받쳐주고 원활한 탄창 교체를
도와주는 보조부품이다. 스테인리스 절삭가공으
로 제조한 62g의 묵직한 부품으로 안정감을 더
해준다.

▲독특한 디자인의 트리플 엑셀레이티드 해머#Triple Xcelerated hammer). 손잡이 안전 장치의 기능은 제거되었다.

▲KEN SIGHT 가늠자를 뒤에서 본 모습Sight view

▲통상분해된 상태의 인피니티

5.4인치 총열과 복좌 스프링 시스템

◀슬라이드와 총몸의 조합이 매우 훌륭하다. 잡아당기면 매끄럽게 뒤로 후퇴하며 걸리는 느낌을 전혀 느낄 수 없다. CNC의 높은 가공 정밀도로 설계 상의 이상 치수를 구현했기 때문이다.

▲인피니티의 슬라이드는 브리치페이스가 교체식Interchangeable Breech Face이기 때문에 구경이 다른 탄약으로 바꿀 때 브리치페이스를 교체해주는 것 만으로 대응이 가능하다. 탄약에 맞춰 일일이 슬라이드를 교체하고 조정할 필요가 없는 것이다.

명문 윌슨 컴뱃이 자랑하는
세미커스텀 1911 의 결정판

WILSON COMBAT
CQB

TEXT&PHOTO : SHIN

1911의 특허가 소실된 이후 미국에서는 많은 제조사들이 1911을 생산하기 시작했다. 이러한 제조사에 따라 가격에도 품질에도 상당한 차이가 있는데, 지금도 각 제조사가 고유한 맛을 지닌 1911 클론 모델을 시장에 내놓고 있다. 그 중에서도 윌슨 컴뱃이 제조하는 1911은 세미 커스텀 1911 분야에서 최고의 품질을 자랑한다. 액션슈팅 경기인 IPSC의 여명기인 1974년, 시계 장인인 빌 윌슨Bill Wilson이 개업한 윌슨 컴뱃은 당시 콜트나 스프링필드가 제조한 1911을 기반으로 커스텀 가공을 하는 건스미스 샵으로 출발, 현재는 모든 부품을 자사에서 생산하여 다양한 모델을 만들고 있는 1911 전문 제조사로 성장했다. 윌슨 컴뱃사의 1911은 완제품으로 나온 제품을 그대로 구입하는 것은 물론, 이번에 소개하는 CQB 모델처럼 고객의 취향에 맞는 사양으로 주문하는 세미커스텀 모델로도 구입할 수 있다.

윌슨 컴뱃의 'CQB'는 이 회사가 만드는 제품의 표준이 된다고 할 수 있는 심플한 스타일의 제품이며 불필요한 추가 가공을 배제하고 1911을 근대화하는 콘셉트에 맞춰 만들어진 덕분에 가장 인기가 높은 모델이기도 하다.

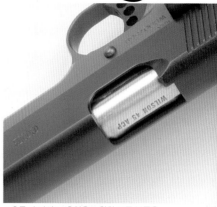

▲CQB는 윌슨 컴뱃의 제품 중에서도 가장 기본이 되면서 인기가 높아 회사를 상징하는 모델이기도 하다.

▲총몸, 슬라이드, 총열을 포함한 모든 부품을 자체 생산하여 높은 품질을 유지하고 있다.

▲슬라이드 상단은 세레이션Serration 가공이 적용되지 않은 기본 상태이며 가늠자에는 발광물질인 트리튬이 삽입되어 야간사격에도 대응 가능하다.

▲본서에서 소개할 윌슨 컴뱃 CQB는 주문 시에 윌슨 컴뱃 샵에서 좌우 연동 안전장치, 2피스 매그웰(손잡이 덮개 좌우에 1개씩 장착되는 2개 1조 구성의 매그웰)을 추가하고, 총몸을 그레이아머터프 색상으로 마감한 주문제작품이다.

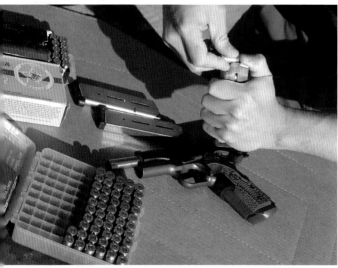

▲탄창에 .45ACP 탄약을 장전하는 모습.

▲이번 실사에 사용한 .45ACP 탄약. 셋 모두 230gr탄들이지만, 왼쪽 탄약은 납을 하드캐스트로 코팅한 탄두로 필자가 연습용으로 리로드한 탄약이다. 100발에 $12 정도의 저렴한 가격이면서 정밀도도 나쁘지 않은데다가 총신에 부담을 덜 준다는 장점이 있다. 가운데 탄약은 윈체스터제 FMJ(풀 메탈 자켓) 탄으로 100발에 $34 정도이다. 오른쪽은 페더럴제 HST 홀로포인트 탄약으로 100발에 $60 정도이다.

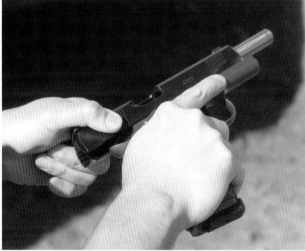

▲탄창을 결합한 후, 슬라이드를 당겨 초탄을 약실에 장전한다.

▲윌슨 컴뱃에서 제조한 1911용 탄창들. 왼쪽부터 10연발 47T, 8연발 47D, 그리고 신형 8연발 ETM 탄창이다.

.45ACP의 반동은 강렬하지만 불쾌할 정도는 아니다. 특히 5인치 풀 스틸Full steel 사양의 1911이라면 하루 종일 쏴도 끄떡없을 정도로 쾌적하다.

▲방아쇠는 세미롱Semi Long 사이즈에 경량화를 위해 3개의 구멍을 뚫은 디자인이다. 탄창 멈치를 약간 연장하였고 썸 세이프티(수동 안전장치)도 대형화하여 조작성을 높혔다.

▲손잡이의 메인스프링 하우징과 핀으로 고정된 2피스 타입 매그웰. 총몸과 자연스럽게 어우러진 모습을 볼 수 있다.

▲크림슨 트레이스Crimson Trace에서 제작한 레이저 그립Lasergrips을 장착했다. 손잡이 앞부분에 스위치가 배치되어 있고 우측 손잡이 상단의 렌즈에서 적외선 레이저를 투사한다. 야간이나 어두운 장소에서의 사격에 높은 효과를 보여주는 액세서리이기 때문에 필자가 사용하는 대다수의 권총에 이 액세서리를 장착하고 있다.

▲손잡이 안전장치와 수동 안전장치, 슬라이드의 뒷부분에 배치된 모든 부품이 매끄러운 조화를 이루고 있다. 날카로운 각이나 모서리가 일절 없는 완성도에서 윌슨 컴뱃의 높은 품질과 장인정신을 느낄 수 있다.

▲심플한 우측면. 불필요한 부품이나 과도한 커스텀 가공이 배제된 모습을 볼 수 있다.

▲내부의 부품 역시 착실하게 공을 들인 만듦새이다. 완충 스프링은 평면 스프링Flat wire spring: 철사의 단면이 칼국수처럼 납작한 형태의 용수철을 사용하여 1911의 약점이었던 용수철 마모를 크게 감소시켰다.

▲하이엔드 1911의 대표주자라 할 수 있는 윌슨 컴뱃. 이 총기를 보유한지 4년째가 되었다. 하지만 CQB와 같은 커스텀모델은 일정한 숫자 만이 시장에 공급되어 희소성이 있기 때문에 거래가격은 $2,900에서부터 시작된다. 상당히 비싼 모델이지만 이 품질과 윌슨 컴뱃을 보유한다는 기쁨에서 볼 때 충분히 가치가 있는 가격이다.

▲고품질의 부품들로 신중하게 제조하여 매끄러운 조화와 부드러운 작동을 보여주는 높은 완성도와 만족감. 이것이 궁극의 세미커스텀 1911인 윌슨 컴뱃이다.

Custom 1911

Hiro Soga

이미 앞에서 소개한 짐 볼랜드 커스텀 외에도 많은 1911의 커스텀 모델이 존재한다. 이번에는 왕년의 명작부터 현대적인 커스텀까지 3개의 모델을 소개해 보겠다.

스티브 나스토프가 제작한 슈퍼 컴프Super Comp. 슬라이드에는 9mm라고 새겨져 있으나 총열은 .38 슈퍼 탄약에 맞춰져 있다. 브리치 페이스의 크기에 큰 차이가 없기 때문에 약간의 조정으로 공용 가능하다.

화려하다는 표현이 잘 어울리는 슈퍼 컴프에는 원래 총의 일부분인 것처럼 깔끔한 형태로 컴펜세이터가 장착되어 있다. 길이가 긴 풀 프로필 컴펜세이터이기 때문에 균형적인 면에서 본다면 총신이 다소 무거운 감도 있다.

Steve Nastoff "Super Comp"

짐 볼랜드가 활약했던 1980년대, 주문을 하면 제품을 받기까지 3년이 걸릴 정도로 인기였던 건스미스 스티브 나스토프Steve Nastoff의 .38구경 슈퍼 컴프 모델. 저명한 총기 전문가 래리 비커스로부터 "1980년대 최고의 권총 건스미스라는 점에서 이의를 제기할 수 없다."라는 평을 받았을 정도로 신뢰받은 커스텀 메이커였다. 그의 진면목은 치밀한 공작기술로, 손잡이의 체커링 처리, 슬라이드 상단의 탑 서레이션, 컴펜세이터의 조정 등에서 그 솜씨가 발휘되었다. 이번에 소개할 슈퍼 컴프 모델에서 더 이상 손댈 곳이 없을 정도의, 정말 뭐라 할 수 없는 기품을 느끼는 것은 필자 뿐 만이 아닐 것이다. 컴펜세이터의 가스 배출구가 1개인 점과, 베이스가 스프링필드 아머리(1985년에 .45모델이 출시되었다)의 슬라이드라는 점에서 1980년대 후반에서 1990년대 사이에 커스텀된 총기라고 추측할 수 있다. 특히 손잡이 부분의 체커링은 고전적인 맛을 살리는 형태로 가공되었는데, 손잡이 아랫부분에서 앞으로 흘러내리는 미묘한 곡선으로 이루어진 것을 볼 수 있다. 여기에 브레이징Brazing, 450도 이상의 온도로 용접하여 충격에 강한 고온 용접기술. 경납땜이라고도 한다-역자 주으로 접합시킨 매그웰까지, 1911의 손잡이 특유의 손맛을 유지하면서 탄창삽입구를 최대한 크게 만들고자 하는 노력이 녹아들어있다. 이 총기는 이미 5만발 이상의 실사 기록을 가지고 있지만 철저한 표면가공 덕분에 최고의 컨디션을 유지하여 현재도 25야드(22.86m) 거리에서 1.5인치 이내에 착탄시키는 성능을 유지하고 있다. 이 최상급 커스텀 총기에서만 느낄 수 있는 슬라이드의 감각에 매료되어 버리는 필자도 어딘가 좀 별난 것이 아닌가 싶기는 하다.

▲발사약을 최대한으로 채운 .38 슈퍼(PF 175)를 쏘면 제법 강한 반동을 느끼게 된다.

SPRINGFELD ARMORY

SPRINGFIELD ARMORY
GENESEO ILLUSA
NM 31895

High Velocity
50 CENTER FIRE CARTRIDGES

ington

스티브 모리슨Steve Morrison이 제작한 골프볼 딤플 패턴의 1911. 인기가 높은 커스텀 모델이다.

시리즈 '80 기반의 커스텀 모델. 공이핀 안전장치는 그대로 남겨져 있다. 스트라이더 나이프 애호가인 대릴은 이 골프공 무늬의 1911을 무척 좋아했다.

베이스가 된 총기는 콜트의 스페셜 컴뱃 모델이다. 심플한 외견이지만 가늠자와 가늠쇠, 총열을 교체하고 부싱을 조정한 다음 방아쇠 뭉치를 재구성하는 등 본격적으로 손을 본 커스텀 모델이다.

◀손잡이 후면도 골프공
무늬 가공이다.

대릴 정도로 총에 숙련된 사람이라도
이 정도의 반동은 있다.

▲예비경찰자격 인정시험에서 이 커스텀 총기를 사용했다. 25야드까지의 표적이라면 거의 놓칠 일이 없다.

▲인정시험 15야드에서의 결과. 탄착군이 밀집되어 거의 하나의 구멍을 만들고 있다.

Steve Morrison Custom

다음에 소개하고자 하는 것은 전형적인 현대식 커스텀 건이다. 필자의 지인인 대릴 볼크 Darryl Bolke, 전직 온타리오 SWAT 출신의 총기/나이프 전문가-역자 주가 애용하는 스티브 모리슨 커스텀이다.

"역시 1911이란 건 특별한 존재지. 자기 마음에 맞는 커스텀 총기를 손이 닿는 곳에 놔두지 않으면 마음이 안 놓여. VIP 경호 등 일을 하러 갈 때는 어쩔 수 없이 글록을 갖고 가지만 개인적인 일을 볼 때나 예비경찰 인정시험에 갈 때는 역시 1911을 고르게 된다네. 이 스티브 모리슨 커스텀은 지금까지 가장 마음에 드는 총기야. 특히 이 손잡이의 골프공 패턴 처리가 최고라니까. 신속하게 인사이드 팬츠 홀스터Inside pants holster, 바지 안쪽에 착용하는 홀스터. 총을 휴대한 사실을 드러내지 않아야 하는 직업이나 상황에서 애용된다-역자 주에서 뽑을 때도 미끄러질 걱정이 전혀 없지. 체커링 패턴과는 달라서 옷자락에 걸리거나 하지도 않아. 커스텀 총열을 정밀하게 장착했기에 정확도는 말할 것도 없고. 공장에서 찍어낸 물건과 달리 건스미스의 손길이 닿아있어 안심할 수 있지. 콜트나 스프링필드 커스텀 샵의 스페셜 모델도 있지만 이 총이 있으면 나설 일이 없어서 결국 되팔아버리고 만다니까."

과연 납득이 가는 소감이다.

레스 베어 커스텀 프리미어 II. 6만발 이상 발사한 역전의 총기이다. 총구 주변의 색칠이 벗겨져 나간 자국이 부싱과의 밀착 상태가 어느 정도인지를 말해주며, 셀 수 없이 많은 횟수를 총집에서 꺼내고 집 어넣은 결과 총몸과 슬라이드에도 흔적이 남아있다.

이쪽은 휴대용 커맨더 모델이지만 역시 그다지 사용할 일은 없다. 총몸은 알루미늄 소재이다.

◀필요한 부분에는 모두 커스텀 작업을 했다. 방아쇠 압력은 3.5 파운드(1,587그램) 정도이다.

▲왼쪽은 200그레인 세미와드커터Semiwadcutter. 오른쪽은 230그레인 JHP인 듀티 애모Duty Ammo.

▲오랫동안 써온 총 특유의 사용감이 매력으로 이어지는 듯 하다. 썸 실드Thumb shield는 지역에서 활동하는 건스미스에게 의뢰한 것이다. 안전장치에서 느껴지는 사용감이 이 총의 역사를 말해준다.

▲마이크 달튼의 노련미가 보이는 준비 자세

Les Baer Custom Premier II

이번에는 세미커스텀이라 불리우는 분류의 총기를 소개하고자 한다. 이 레스 베어 커스텀 프리미어 II의 소유자는 필자의 오랜 친구이기도 한 마이크 달튼Mike Dalton이다.

"이 1911과의 인연도 벌써 5년 정도 된 거 같군.

매일 갖고 다니고, 예비경찰 근무일에도 업무용 총기로 사용하지. 아마 6만발 정도 쐈을까. 4만발 정도 쐈을 때 총열을 교체하곤 1년 동안 쭉 써오고 있지. 지금도 상태는 아주 좋아. 1911은 필요한 정비만 착실하게 잘 해주면 오랫동안 쓸 수 있는 총이야. 정비라고 해도 스프링과

갈퀴, 탄창 같은 소모품을 바꿔주는 정도고. 베어 커스텀을 두고 "여기저기 너무 빡빡한 총이다"라고 말하는 사람도 있지만 이 총은 1,500발 정도 쏠 때마다 분해정비만 해주면 돼. 내가 보유하고 있는 2정은 분해정비한 후로는 불량 탄약을 썼을 때 작동불량이 일어난 거 빼면 전혀 문제가 없었어. 500발 정도 쏠 때마다 청소만 해주면 돼. 그 정도로도 25야드에서 1인치 정도로 집탄시킬 수 있어. 내게는 아무 문제가 없지. 그야말로 파트너 같은 존재야."

이 총의 '손때가 묻은 느낌'을 주목하고 싶다. 마이크는 기본적으로 200그레인의 세미 와드커터 탄약을 애용한다. 듀티 애모 탄약은 부서 지정품인 230그레인 JHP이지만 그렇다 해도 예비경찰 자격인정 시험에서 쏠 정도의 물건으로 강내 압력이 그렇게 높지 않은 .45구경 탄약을 사용하는 1911이라면 오래 쓸 수 있다. 특히 최신 CNC 머신으로 가공한 부품을 사용한 총기는 정밀도가 높고 그로 인해 신뢰성도 높다. 좋은 시대가 되었다고도 할 수 있다.

1911은 질 좋은 비프저키Beef jerky처럼 씹으면 씹을수록 맛이 배어나오는 총이라 할 수 있다.

이 사진의 탄약은 스피드매치용으로 발사약을 적게 넣은 라이트로드 탄약으로 반동이 상당히 가벼운 편이다. 마이크는 매달 열리는 경기에 참가하고 있다.

1911 Race Guns

Yasunari Akita

기능미가 살아있는 디자인의 1911은 경기용 총기로서도 높은 평가를 받고 있어, 다양한 경기에 맞춰 그에 따른 디자인의 모델이 만들어지기도 했다. 여기서는 그 가운데 몇 가지 모델을 소개하고자 한다.

90년대 말에 만들어진 브라일리 시그니처 시리즈 중 한 자루. 1911의 기본 사이즈 슬라이드에 특유의 절단 가공을 적용하여 독특한 디자인 특성을 강조하고 있다. 녹색 총몸은 해당 총기 소유자의 취향이며, 슬라이드에는 하드크롬 처리가 적용되었다.

**BRILEY SIGNATURE SERIES
.40S&W LIMITED MODEL**

▲브라일리제 커스텀 총열(.40S&W)를 장착

▲브라일리에서 제조한 스페리컬 부싱Spherical Bushing을 장착, 슬라이드가 총열을 확실하게 잡아주고 명중 정확도를 높여준다.

△엄지보호판과 조절식 가늠자를 탑재했다.

△브라일리 총열은 단단하게 장착되어 있으며 경기용보다는 실용성을 추구, .45구경 탄약을 사용한다.

브라일리의 버서틸리티 플러스Versatility Plus. 이 유저를 위하여 브라일리가 최초로 제조한 커스텀 1911로, 1994년에 완성되었다. 이번에 소개하는 것은 다른 모델과 마찬가지로 스프링필드 아머리의 1911을 토대로 소형 매그웰 등 커스텀 부품을 추가하여 커스텀 건의 특징을 살리면서 휴대용 권총으로서의 실용성도 놓치지 않고 있다.

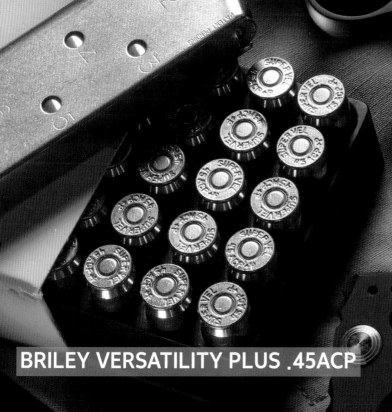

BRILEY VERSATILITY PLUS .45ACP

플로리다에 위치한 피스톨 다이나믹사의 건 빌더인 폴 리벤버그Paul Liebenberg가 2002년에 제작한 택티컬 1911. 9mm 슬라이드를 사용하고 있지만 탄약 구경은 .38 슈퍼이다. 폴 씨가 자작한 부품을 일부 사용하였으며 푸른 색감의 슬라이드에 하드크롬 표면처리를 한 총몸이라는 투톤 사양으로 만들어졌다. 다른 총에서 볼 수 없는 커다란 탄창 멈치는 수작업으로 만든 부품이다. 폴 씨가 미국에 이주해 와서 처음 입사했던 팩마이어 건웍스Pachmayr Gun Works 시절의 인연으로 손잡이에 팩마이어의 각인이 새겨진 덮개를 맞춰 넣었다.

▲링 해머 전체를 받쳐줄 정도로 큼지막한 비버테일도 수작업으로 만든 부품이다.

BRILEY LINKLESS PLATEMASTER

브라일리 링크리스 플레이트마스터는 1999년에 제작된 모델로, 당시 S&W 퍼포먼스 센터에 재직 중이던 폴 리벤버그와 브라일리가 손을 잡고 제작했다. 1911의 총열 링크를 S&W 등에서 채택했던 캠 방식으로 교체했다.(소유자의 요청으로 내부 구조는 공개하지 않는다)

▲스틸 챌린지Steel Challenge용으로 디자인된 플레이트마스터의 파생형이라 할 수 있다. 경기 규격에 맞춰 무게를 줄이기 위해 여러 부위를 깎아낸 독특한 슬라이드가 특징이다.

▲대형 엄지보호판을 탑재.

◀듀얼포트
컴펜세이터

◀피버팅 트리거Pivoting Trigger라 불리우는
회전운동 방아쇠로 부품을 교체한 것으로
보이지만 실제로는 그 뒤에 기존의 1911의
방아쇠를 심어놓아 공이를 작동시키는 구조
이다. 지금처럼 방아쇠 작동을 위한 다양한
부품이나 도구가 존재하지 않던 시기에 방
아쇠를 당기는 느낌을 깔끔하게 살리기 위
해 고안해낸 것으로, 표준으로 정착되지는
못했지만 실험적인 도전이라는 점에서 나름
의미가 깊은 아이디어이다.

폴 리벤버그의 손을 거쳐 듀얼 컴펜세이
터가 탑재된 모델. 1989년에 매칭페어에
서 제작된 것으로 일련번호가 맞는 모델
이 쌍으로 존재하는 특징이 있다.

HUENING BIANCHI MODULAR

▲ 이 모델에도 피버팅 트리거 시스템이 탑재되어 있다.

▲통짜 강철로 만들어진 대형 노즈피스를 통해 .38 슈퍼 탄약을 상당히 부드럽게 연사할 수 있게 되었다. 총열이 단단히 장착되어 50야드(45.72m) 거리에서도 1인치 안에 탄착군을 형성할 수 있다. 총의 소유주가 같은 거리에서 엎드려쏴 자세로 4/3인치(약 19mm)의 탄착군을 형성한 기록이 있다.

WCPIWorld Class Pistols, Inc의 건스미스인 조지 휴닝George Huening이 1989년에 제작한 모듈러 스타일의 비앙키컵용 모델. 먼지덮개에 고정된 대형 노즈피스 덕분에 총신 부분이 상당히 무거워진데다가 장애물 사격 시에는 직접 잡는 것도 가능하다.

▲USPSA와 스틸챌린지 경기 모두에 사용할 수 있도록 디자인되어 슬라이드에 경량화를 위한 절삭 가공이 더해졌다.

▲먼지덮개 오른쪽 면에 장착된 마운트가 도트사이트 조준경을 받쳐주고 있다.

HUENING .38
SUPER COMPETITION

조지 휴닝이 만든 최초의 카본파이버 마운트 채용 모델. 소유자는 이 총으로 1991년의 스틸챌린지 A클래스에서 우승을 차지했다.

▲다마스커스강을 절삭 가공한 컴펜세이터

▲경량화를 위해 다른 경기용 총기와 마찬가지로 슬라이드에 절삭가공이 이루어졌다.

▲진귀한 다마스커스강 슬라이드와 컴펜세이터를 가진 오픈건. 브라일리의 건스미스 클라우디오 샐러서 Claudio Salassa가 플레이트마스터의 디자이너이던 시절, 이 총의 소유자를 위해 매칭 세트로 3정을 제조해 주었다.

SPECIAL EDITION
DAMASCUS PLATEMASTER

▲도트사이트의 마운트는 91쪽에서 소개한 비앙키 모듈러와 같은 제품이다. 부품의 모서리와 각진 부분은 모두 세밀하게 다듬어 부상이나 긁힘을 방지했다.

▲경량화를 위해 슬라이드 뿐 아니라 총열에도 홈이 파여 있다. 슬라이드의 절삭 가공은 반대편도 마찬가지이다.

HUENING STEEL GUN

1992년에 제작된 오픈건으로 죠지 휴닝이 만든 최초의 철제 챌린지 경기용 총기이다. 스프링필드 아머리의 1911을 토대로 전체적으로 하드크롬 처리가 더해져 있으며 구경은 .38 슈퍼 이다.

이번 촬영을 위해 특별히 제공된 1911들. 소유자는 이 외에도 다수의 1911을 보유하고 있다.

Bob Chow Special

궁극의 컴뱃 피스톨

Text : Satoshi Matsuo
Photo : Toshi

밥 차우 스페셜이라 불리우는 총이 일본에 소개된 것은 총기 전문 월간지인 월간 「Gun」 1981년 10월호에 총기 칼럼니스트 이치로 나가타 씨가 기고한 기사를 통해서였다. 슬라이드와 총몸의 모서리 부분이 마치 녹아내린 비누처럼 매끄러운 곡선을 이루어 이른바 '멜트다운'이라 불리는 가공으로 굉장한 형상을 한 이 총에 당시 많은 독자들이 강한 충격을 받았다. 일본에서 밥 차우의 총이라 하면 거의 이 시기의 모델을 말한다.

프랭크 로버트 밥 차우Frank Robert 'Bob' Chow 는 1907년 11월 30일 캘리포니아주 스탁턴에

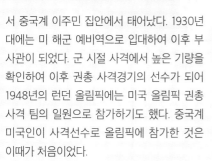

서 중국계 이주민 집안에서 태어났다. 1930년대에는 미 해군 예비역으로 입대하여 이후 부사관이 되었다. 군 시절 사격에서 높은 기량을 확인하여 이후 권총 사격경기의 선수가 되어 1948년의 런던 올림픽에는 미국 올림픽 권총 사격 팀의 일원으로 참가하기도 했다. 중국계 미국인이 사격선수로 올림픽에 참가한 것은 이때가 처음이었다.

권총 속사 종목에 출장했지만 성적은 아쉽게도 13위에 그쳤다. 이후 밥은 코치가 되어 후진 양성에 주력했다.

밥은 헐리우드의 영화배우에게도 사격 훈련을 시켰는데 유명한 서부영화 배우인 존 웨인을 지도한 경력도 있다. 그 외에도 다방면에 재주가 있었는데, 색소폰과 밴조의 연주 실력도 좋아 동료들과 재즈밴드를 구성하거나 모터 사이클 스포츠에 참가하기도 했다.

그러던 중 1952년, 샌프란시스코에 작은 건샵을 열고 아내와 함께 이 가게를 운영하면서 건 스미스로서의 재능을 꽃피우게 된다. 이 당시 서해안 지역의 많은 총기 사용자들이 밥에게 자신의 총기의 정밀도 향상 작업을 맡겼다.

밥 차우는 기본적으로는 불즈아이 사격 선수였으며, 시판 총기의 정밀도 향상 작업을 특기로 했기 때문에 그의 손을 거친 커스텀 건은 신속한 사격을 겨루는 스피드 슈팅이나 실전사격보다는 불즈아이 사격에서 활약하는 경우가 압도적으로 많았다. 하지만 밥 차우 스페셜로 일본에 소개되었던 총기는 불즈아이 경기용보다는 아무래도 전투용 권총에 가까운 모델이었다.

이 모델의 원형은 IPSCInternational Practical Shooting Confederation의 설립 멤버였던 딕 토머스Dick Thomas용으로 만들어진 것으로 칼럼니스트 이치로 나가타 씨가 처음으로 샌프란시스코 3185 미션가에 있는 밥 차우의 건 샵을 방문했을 때 감상한 것이다. 결국 이치로씨는 자신이 본 것과 거의 같은 모델을 밥 차우에게 주문하고 만다.

기본이 되는 총몸은 마크Ⅳ 시리즈 '70이지만 슬라이드와 총열은 내셔널매치용 물건이다. 하지만 내셔널매치라고는 하더라도 1930년대에 콜트가 제조한 내셔널매치가 아니며, 1957년에 발매된 골드컵 내셔널매치도 아니다. 이것은 스프링필드 조병창에서 제조한 매치 그레이드용 1911A1로, 미국 오하이오 주방위군의 훈련기지인 캠프 페리Camp Perry에서 개최되는 시빌리언 마크맨쉽 프로그램CMP, Civilian Markmanship Program의 사격경기에서 사용되어 판매되기도 한 물건이다. 1955년에서 1968년까지 매년 스프링필드 조병창에서 내셔널매치가 제작되었는데 매년 그 사양이 달랐다. 밥 차우 스페셜에 사용된 내셔널매치의 슬라이드는 좌측면에 'NM77911435'라고 각인이 새겨져 있다. 이것은 콜트가 1963년에서 1968년까지 스프링필드 조병창의 내셔널매치용으로 제조·공급한 슬라이드이다(1964년에만 콜트가 아닌 드레이크 매뉴팩처링이란 회사가 제조). 마찬가지로 1963년에서 1968년까지의 내셔널매치용으로 사용된 총열 또한 콜트에서 공급한 것이었는데, 약실 부분에는 NM77911414라고

각인이 새겨져 있다. 밥 초우가 이치로 나가타 씨에게 1911 커스텀을 만들어줄 때에도 내셔널 매치의 슬라이드와 총열을 사용했다.

NM77914350의 슬라이드는 높이 0.358"(9.1mm), 넓이 1/8"(3.2mm)의 불즈아이 사격용 패트리지 타입 가늠쇠Patridge sights가 달려 있었는데 밥 차우는 전투용 권총에 이런 커다란 가늠쇠는 어울리지 않는다고 생각하여 그보다 훨씬 낮은 가늠쇠를 장착했다. 가늠자는 여기에 맞춰서 보머사이트를 장착했다.

배럴 부싱은 수작업으로 조정한 것으로 이로 인해 50야드 거리에서 2인치(50.8mm) 이내의 탄착군을 만들 수 있다. 밥 차우의 커스텀 작업은 부싱 뿐 아니라 거의 모든 부분을 수작업으로 진행했다.

총몸 손잡이의 앞부분, 손잡이 뒷부분의 스프링 하우징, 방아쇠울 전면 등의 부분에는 스티플링 가공Stipplig, 표면을 뾰족한 도구로 촘촘하게 찍어 우둘투둘하게 만든 표면처리 기법-역자 주을 더했다. 공구를 이용한 체커링이 아니라 직접 수작업으로 입힌 듯한 스티플링 표면이다.

이러한 개량점은 슬라이드의 블리치 부분에 밥 차우의 독자적인 스탬프 코드로 은밀하게 정리되어 있다. 예를 들어 이번에 소개된 모델의 경우,

I.N. = Ichiro Nagaat SPL = Special F. BOB CHOW = Frank Bob Chow

그 뒤의 각인은 아마도 이 커스텀 건이 만들어지기 전에 찍혀져 있었던 것으로 생각된다. 그리고 9 80 = 1980년 9월로, 이 총의 완성 시기를 의미하는 것이다. 그 다음의 것이 스탬프 코드이며,

MB = (아마도) Match Barrel,
BS = Bomar Sights, S = Stippling
FA = Fully Accurized 이다.

손댄 곳은 이것 뿐 만이 아니다. 수동 안전장치는 A.D.Swenson의 좌우 연동 안전장치가 탑재되어 있다. 이 사진의 탄창 받침판Magazine Bumper은 놀랍게도 MGCModelGuns Corporation, 일본의 모형총기 제조사로 80년대 모형건 문화에서 큰 발자취를 남겼다. 1996년 폐업 - 역자 주제로, 이것은 후에 이치로씨가 MGC가 만든 것을 받아온 황동제 부품이다. MCW라는 각인은 MGC Custom Works를 의미한다. 비중이 무거운 놋쇠 탄창 받침판덕분에 전술 재장전 시에 빈 탄창을 뽑을 때 탄창 멈치를 눌러주는 순간 탄창이 자체 무게에 의해 미끄러져 나오기 때문에 신속하게 탄창을 교체할 수 있게 된다. 월간

「Gun 1981년 10월호에 밥 차우 스페셜이 처음 등장했을 때 탑재되어 있었던 탄창 받침판은 고무제였거나 혹은 아예 받침판을 추가로 부착하지 않은 탄창이었다. 총몸의 탄창삽입구 부분은 절묘하게 절삭되어 빠른 탄창 교환에 도움이 된다.

콜트의 심벌인 말이 새겨진 금도금 단추 장식과 체커링 표면 처리로 이루어진 목제 손잡이 덮개의 경우 왼쪽 덮개를 과감하게 깎아내어 탄창 멈치를 누르는데 방해가 되지 않도록 배려하고 있다.

그리고 무엇보다도 이 밥 차우 스페셜을 돋보이게 하는 것은 슬라이드, 총몸, 가늠쇠 부분의 모서리의 각진 부분을 모두 깎아내어 둥글게 만든 멜트다운 가공이다. 탄피 배출구 부분도 과감한 절삭 작업을 해서 각이 전혀 없이 둥근 형태를 하고 있다. 이러한 멜트다운 가공에 의해 보는 이로 하여금 강인한 인상을 느끼게 하며 한편으로는 단순한 도구에 지나지 않을 총이 유기적인 생물체로 보이기까지 한다.

실제로는 실용적인 측면을 보더라도 이렇게까지 각을 깎아낼 필요는 없다. 그래서 20세기 초반부터 현재까지 만들어진 많은 대량생산형 자동권총 뿐 아니라 70년대부터 폭발적으로 쏟아져 나온 커스텀 건 중에서도 이 정도의 가공을 한 예는 찾아보기가 힘들다. 손을 베일 수

도 있을 정도로 날카로운 경우도 있지만 직선적인 형태의 가공을 하더라도 실제 사용에는 큰 문제가 없기 때문이다. 업체 중에서는 킴버 정도가 자사 제품 중 일부에만 캐리 멜트 트리트먼트Carry Melt Treatment라 불리는 곡선 가공을 적용한 정도이다. 그리고 밥 차우 스페셜과 같은 멜트 가공을 위해서는 매우 뛰어난 감각이 요구된다. 그저 깎아내는 것 뿐이라면 누구라도 할 수 있겠지만 자칫 잘못하면 형편없는 결과물이 나올 뿐이다. 밥 차우와 같은 뛰어난 기술을 가진 건스미스이기에 이 정도의 가공을 할 수 있다고 해도 과언이 아닐 것이다. 킴

버의 경우 CNC 가공으로 멜트 트리트먼트 작업을 한다.

1988년, 밥 차우는 은퇴하고 다카하시 타다시 씨가 건 샵을 인수하여 '하이 브리지 암즈High Bridge Arms'로 개명했다. 하지만 이름 외에는 크게 달라진 것이 영업을 계속하였고 밥 차우는 15년 후 2003년 10월 17일 95세의 일기로 타계했다. 하이 브리지 암즈는 이후 2015년 10월까지 같은 장소에서 영업을 계속했다.

아이러니하게도 밥 차우 스페셜은 일본의 건마니아 사이에서는 매우 유명했지만 정작 미국 내에서는 그다지 알려지지 않았다. 밥 차우

가 뛰어난 사격 선수였으며 건스미스라는 사실은 널리 알려져 있지만 그의 손을 거친 커스텀 건 중에서 그나마 유명한 것은 정확도를 향상시킨 불즈아이 경기용 총기 뿐이다. 밥 차우가 이처럼 놀라운 전투용 모델을 만들었다는 사실을 아는 미국인은 거의 없다.

이치로 씨가 보유한 총기와 거의 같은 모델의 밥 차우 스페셜을 갖고 있었을 딕 토머스는 2016년 4월 17일에 타계했다. 그가 마지막까지 밥 차우 스페셜을 갖고 있었다면 유품 중에 있었을 것이지만 그러한 총기가 있었다는 이야기는 아직 들어보지를 못 했다.

DETONICS

최초의 대량생산형 1911 컷다운 모델

Text : Satoshi Matsuo
Photo : Yasunari Akita, Toshi

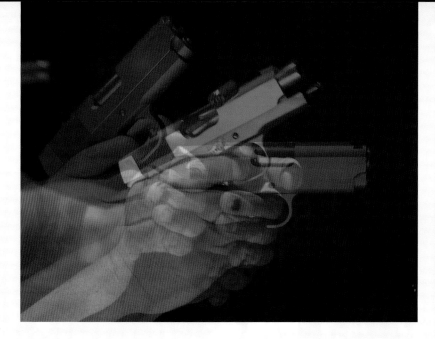

▲Detnics Combat Master   .45ACP

1960년대, 컴팩트한 소형 자동권총은 대부분 단순한 블로우백 구조로 이루어진 .32 ACP 또는 .380 ACP 탄약을 사용하는 모델이 주류였다. 이러한 상황은 20세기 초반부터 큰 변화 없이 계속되고 있었다. 당시 유럽에서는 경찰용 권총이나 호신용 권총으로 .32ACP가 주류였으며 단순한 블로우백 구조로도 충분하다는 인식이 있었다. 하지만 미국의 분위기는 유럽과 크게 달랐다. .32ACP는 위력이 너무 낮아 호신용으로 쓰기에 충분하지 않다고 생각했기 때문이다. 아무리 못해도 .380 ACP, 또는 .38 스페셜 정도는 필요하다는 인식이 있었고 경찰의 경우 .38 스페셜 또는 구경은 같지만 위력은 좀 더 강한 .357 매그넘을 사용하고 있었다. .380 ACP 탄약은 블로우백 구조의 자동권총에서 사용하기에는 거의 한계선에 달하는 위력으로 결코 쏘기 쉽다고는 할 수 없었다. 하지만 그렇다고 해서 위력이 정말로 강한 것인가 하면 그것도 아니었기에, 경찰 등의 사법집행기관에서 사용한다는 것은 무리였다.

때문에 당시 미국에서는 리볼버가 압도적으로 많이 사용되는 상황이었다. 군에서는 .45 ACP 탄약을 사용하는 M1911A1을 사용하고 있었지만, 경찰에서는 S&W, 또는 콜트의 리볼버를 사용했다. 총열을 짧게 줄인 스넙노즈Snubnose 타입 리볼버라면 손잡이를 얇고 작은 것으로 바꾸는 것만으로 휴대성이 높아져 은닉휴대용Concealed Carry으로 사용하기 적합해진다. 또한 총열을 짧게 해서 위력이 낮아지는 것도 그다지 심각한 수준은 아니었다.

하지만 1970년대에 들어서면서 미국에서도 자동권총의 매력이 조금씩 인정받기 시작했고, 이에 따라 분위기도 달라지게 되었다. 총을 노출휴대Open Carry할 수 있는 제복 경찰관이라면 대형 9mm나 .45구경 권총을 총집에 넣어서 사용할 수 있지만 은닉휴대를 생각한다면

좀 더 소형화할 필요가 있었다. 이때부터 .380 ACP보다 좀 더 위력이 강한 대구경 탄약을 사용하는 자동권총의 총열과 총몸을 잘라서 소형 권총을 만든다는 개념이 주목받기 시작했다.

콜트에서는 1949년에 커맨더 모델을 발표하는 등 1911 모델의 소형화 제품을 내놓았지만 총열 길이가 5인치에서 4.25인치로 줄어들고 손잡이 안전장치 위의 손찍힘 방지 꼬리부품의 형태를 바꾸고 공이치기를 고리 형태로 바꾸는 정도에 그친 것이었다. 사용자들은 그보다 좀 더 과감하게 길이를 줄이고 손잡이도 짧게 줄인 소형 권총을 요구했다.

이러한 요구에 맞춰 1911이나 S&W 모델 39,

59를 기반으로 소형 권총을 만드는 것이 1970년대 건스미스들이 시작한 작업이었다.

하지만 총열을 잘라도 큰 문제가 없는 스넙노즈 리볼버와 달리, 쇼트리코일 자동권총의 총열을 단축시킨다는 것은 어려운 일이었다. 슬라이드 덮개의 질량이 낮아지면서 리코일 스프링이 신축될 때의 슬라이드 작동의 속도의 변화와 총열의 각도변화 등이 크게 변하게 되어 결국 고장이 일어날 확률이 크게 높아졌던 것이다.

콜트의 .45 오토를 절단하여 소형 권총을 만든다는 목표로 팻 예이츠Pat Yates가 시드 우드

콕Sid Woodcock, 마이크 매즈Mike Maes와 함께 1970년대에 워싱턴 주 벨뷰에 디토닉스 매뉴팩처링 컴퍼니Detonics Manufacturing Company를 설립, 1976년에는 첫 제품인 디토닉스 컴뱃 마스터를 출시했다. 팻 예이츠는 완전한 오리지널 구성의 제품을 희망했지만 현실적 문제로 초기 제품은 콜트 거버먼트를 개량한 모델이었다. 하지만 매우 의욕적인 제품으로 여러 부위에 독자적인 개량이 이루어진 커스텀 모델이었다.

총열은 부싱에 의해 고정되는 방식이 아니라 총열 자체의 앞부분을 원뿔 형태로 크게 만들어 슬라이드 앞부분과 총열이 맞춰지도록 하는 셀프 어저스팅 콘 배럴Self Adjusting Cone Barrel 설계를 도입했다. 또한 탄피 배출 시 불량 발생이 일어나지 않도록 하기 위해 슬라이드의 탄피 배출구 부분도 넓게 깎아냈다. 손잡이 안전장치의 기능은 빼버리고, 손잡이 아랫쪽에 위치한 스프링 하우징을 끌어올려 손잡이 뒷부분의 대부분의 영역을 차지하도록 했다. 짧아진 탄창에는 .45 ACP 탄약이 6발 들어가며 완전 장전된 상태에서는 탄창 밑판이 튀어나와서 탄창을 총에 장전한 상태에서도 잔탄을 간단하게 확인할 수 있는 탄창 완충상태 지시기Full Clip Indicator를 탑재했다. 여기에 슬라이드 상단과 뒷부분을 과감하게 절단, 가늠자의 위치도 앞쪽으로 이동시켰다. 이것은 공이 젖힘Cocking을 쉽게 하기 위한 디자인이면서 동시에 디토닉스 최대의 특징이 되었다. 이러한 디자인의 배경에는 1970년대의 1911 사용자들의 유행도 반영되어 있다. 당시에는 약실에 탄약을 장전하고 공이치기를 전진시켜 놓은 컨디션 2 상태로 휴대하는 것이 주류였

다. 최근의 1911은 약실 장전, 공이치기는 젖힌 상태에서 안전장치를 컨디션 1 상태의 콕 & 록으로 휴대하는 스타일이 압도적이다. 제프 쿠퍼가 제창한 실전적 권총 사격이 큰 반향을 일으켜 1911의 콕 & 록 휴대가 실전적이라는 인식이 널리 퍼지게 되었지만 이때는 휴대 시에 공이치기를 안정된 상태로 놓아야 한다는 인식이 강했을지도 모르겠다. 당시의 영화를 보더라도 1911을 든 등장인물이 손가락으로 공이치기를 전진시키는 장면이 종종 등장했다. 실제로 1911을 애용했다고 전해지는 배우 스티브 맥퀸이 출연한 1972년작 영화 「겟어웨이Get Away」나 1980년작 「헌터Hunter」를 보면, 평소에는 공이치기를 전진시켜 놨다가 총을 쏘기 전에 젖히는 장면을 볼 수 있다. 1975년작 「코드 네임 콘돌Three days of Condor」에서는 로버트 레드포드가 막스 폰 시도우에게서 1911의 공이치기를 전진시키도록 요구받는 장면이 나온다. 1970년대에는 역시 공이치기를 전진시킨 상태로 휴대하는 것이 일반적이었던 모양이다.

1976년, 디토닉스의 등장으로 기존의 1911을 짧게 줄인 소형권총, 컷다운 오토매틱에 대한

주목도가 크게 높아졌다고 생각할 수도 있겠지만 실제로는 그리 큰 반향을 일으키지 못했던 모양이다. 디토닉스의 초기 제품에 적잖은 문제가 있었기 때문이다. 월간 「Gun」의 1977년 9월호에 소개된 초기형 디토닉스는 사격 후 바로 특유의 원뿔 모양 총열에서 문제가 발생하여 더 이상 사격을 계속할 수 없었다. 이 총열은 원래 그런 모양으로 만들어진 것이 아니라 기존의 콜트제 총열의 길이를 짧게 자른 후 그 앞끝에 원뿔형 부품을 덧붙이는 형태로 만들었는데 이것이 사격 시의 충격으로 떨어져 나간 것이다.

이후 총열을 원뿔 모양을 한 하나의 부품으로 만드는 등 각 부위의 문제점을 개선해 나가면서 기존 부품의 개조보다 자체생산을 통해 디자인에 맞는 부품을 확보하는 형태로 바뀌게 된다.

디토닉스제 총기의 신뢰도가 높아지면서 그 가격도 같이 뛰어올랐다. 1977년의 디토닉스

제품의 가격은 $395였던 데 비해, 당시 콜트 커맨더는 $234.95로 상당히 저렴했다. 디토닉스 제품의 가격은 콜트 파이슨보다 훨씬 비싼 것이었다.

디토닉스는 최초로 등장한 1911의 컷다운 대량생산 모델이기는 하지만 실제로는 이와 비

슷한 모델이 이미 몇 년 전에 등장한 바 있었다. 다른 페이지에서 소개한 바 있는 1911의 클론 보델 가운데 하나였던 스타 모델 PD는 .45ACP 탄약을 사용하면서, 총열 길이 3.8인치(96.5mm)에 전체 길이가 7인치(177.8mm), 무게는 709g이었다. 디토닉스의 제품은 총열 길이 3.25인치(82.5mm)에 전체 길이는 6.75인치(171.4mm), 무게는 822g이어서 모델 PD보다도 좀 더 작고 가벼웠다.

하지만 그 차이는 실제로 손에 쥐어보면 그다지 크지 않았다. 가격에서 볼 때 스타의 모델 PD는 $245로 디토닉스의 제품이 $150 정도 더 비쌌지만 그 정도의 가치가 있다고 생각하기는 어렵다.

이후 디토닉스는 제품군을 확대하여 9mm 모델도 내놓았다. Mk. I 은 무광청색Matt Blue의 표준 모델이며, Mk.IV는 조절식 가늠자를 가진 유광 청색Polished Blue, Mk. V 는 무광스테인리스Matt Stainless, Mk. VI는 유광스테인리스Polished Stainless에 조절식 가늠자 탑재 모델, Mk.VII는 무광 스테인리스에 가늠자가 없는 모델이었다. 모두가 상당한 고가품이었다.

1985년에 디토닉스는 그때까지와 달리 기본

▲ 탄창에 탄약이 완충된 상태를 나타내는 인디케이터가 튀어나와 잔탄 여부를 알려준다.

사이즈의 제품을 내놓았다. 스코어 마스터라 불리우는 모델로서 조절식 가늠자와 함께 가늠쇠와 가늠자를 잇는 뼈대Sight Rib가 있었으며 슬라이드의 톱니요철의 눈이 넓고 총열이 슬라이드보다 길어서 앞부분이 튀어나와 있는 등의 외형적 특징이 있었다.

디토닉스는 새로운 탄약을 출시하기도 했다. .451 디토닉스 매그넘.451 Detonics Magnum이라 불리우는 탄약으로 .45 ACP보다 0.050" (1.27mm) 탄피가 길었다. 이 새로운 탄약은 185 gr.의 탄두를 1.284fps까지 가속시킬 수 있는 강렬한 물건이었지만 시장에서 그다지 호응을 얻지는 못 했다.

1985년, 콜트가 갑자기 오피서즈 ACP 마크 IV 시리즈 '80을 발표했다. 가격은 $482.5-. 한편 그 해의 디토닉스는 Mk.I이 $626으로 꽤나 높

은 가격이었다. 디토닉스의 제품이 손잡이도 짧아서 은닉휴대하기에도 더 적합했지만 그것 만으로는 시장에서 우월을 유지하기가 힘들었다. 1987년, 결국 상황이 어려워진 디토닉스는 브루스 맥커우Bruce McCaw에게 인수되어 아리조나 주 피닉스로 이전하여 뉴 디토닉스New Detonics로 모습을 바꾸게 된다. 하지만 새로운 방향성으로 빛을 보지도 못한 채 1992년에 문을 닫고 만다.

그로부터 시간이 지난 2004년, 죠지아 주 펜더글래스에 디토닉스 USADetonics USA가 설립되어 디토닉스의 부활을 알리는 듯 하였으나 이 회사도 결국 3년 후에 문을 닫고 만다. 다시 2007년에는 일리노이주에서 디토닉스 디펜스란 이름으로 다시 문을 열게 된다.

현재의 디토닉스는 이전과는 매우 다른 모습

이다. 주력 제품은 MTX라 불리는 1911 기반의 .45ACP, 10+1발 사양 4.5인치 총열 모델과 STX이란 이름의 1911 스타일이면서 스트라이커식 구조를 한 9mm 풀사이즈 모델이다. 양쪽 모두 알루미늄 총몸으로 왕년의 디토닉스 제품과는 그다지 닮았다고 하기 어렵다. 이외에 컴뱃 마스터라고 불리는 소형 사이즈의 1911이 있는데 분위기는 좀 다르지만 디토닉스의 소형 1911의 역사가 남아있다고 할 수 있는 모델이다. 하지만 문제는 이 회사가 외부 홍보에 소극적이라는 점이다. SHOT SHOW에도 참가하지 않고 있으며 현재 상황도 잘 알려지지 않고 있다. 최초의 양산형 1911 컷다운 모델이었던 디토닉스는 이제 완전히 과거의 존재로 잊혀진 것으로 보인다.

Springfield Armory

1911 클론 모델로 성공한 최초의 브랜드

Text : Satoshi Matsuo
Photo : Yasunari Akita, SHIN

스프링필드 아머리 TRP Tactical
Response Pistol

▲스프링필드 아머리 TRPTactical Response Pistol

▲스프링필드 아머리 레인지 오피서Range Officer

1968년, 미국 정부는 스프링필드 조병창의 폐쇄를 결정했다. 이곳은 미 합중국의 독립을 선언한 이듬해인 1777년에 세워진 이래, 미국의 병기제조와 생산관리의 거점으로 미국의 역사와 함께 걸어온 역사적인 시설이었다. 하지만 총기개발 제조의 중심이 민간기업으로 옮겨가면서 정부 조병창의 존재의 이유가 사라져 버리게 되었다.

엘머 C. 밸런스Elmer C. Balance는 1974년에 이 역사적인 조병창의 명칭 사용권을 획득하여 자신의 총기회사에 옮겨 사용했다. 텍사스 주의 민간기업 스프링필드 아머리의 제품은 한때 미군의 제식소총이었던 M14를 민간사양으로 개수하여 M1A라는 이름으로 판매하고 있었다. 민수시장에는 당시 미군 제식소총인 M16의 민간사양인 AR-15도 있었지만 철과 나무 소재가 어우러져 고전적인 디자인을 가진 M1A가 인기를 끄는 데는 문제될 것이 없었다. 하지만 엘머 C. 밸런스는 리스Reese 가에 이 사업을 매각했다.

스프링필드 아머리는 일리노이 주로 그 거점을 옮겨서 1979년에는 M1 개런드, 1981년에는 개런드의 근대화 모델이라 할 수 있는 이탈리아제 BM-59의 민간사양을 발매하는 등, M1A를 중심으로 한 제품을 전개했다. 하지만 이 회사가 크게 주목받게 된 것은 자사의 M1911-A1 기반의 커스텀 건을 사용하여 경기에서 활약하기 시작하면서부터였다. 이때부터 스프링필드의 1911 클론 모델은 유명세를 떨치기 시작했다.

1989년에는 자사 직영 커스텀 샵을 개설, 많은 건스미스를 통해 스프링필드 커스텀을 공급했다. 커스텀 샵 초기의 총괄은 레스 베어Les Baer,와 잭 웨이건드Jack Weigand였다. 레스 베어는 그 후 독립하여 레스 베어 커스텀이라는 회사를 설립했다. 잭 웨이건드도 1999년에 건스미스의 기량을 검증하는 피스톨스미스 오브 더 이어Pistolsmith of the Year에서 우승하는 등 눈부신 활약을 보였다. 그런 실력을 가진 건스미스가 함께 할 수 있는 것이 당시의 스프링필드 아머리였다. 1990년 시점에서 스프링필드 아머리는 주문을 하면 약 3주 후에 커스텀 건을 제작

할 수 있었는데 그 당시는 커스텀 건 제작을 의뢰하면 수개월을 기다리는 것이 당연시되었기 때문에 이 점은 굉장한 장점이었다.

1989년에는 당시 최고의 사수였던 롭 리섬Rob Leatham이 스프링필드 아머리의 스폰서를 받게 되었다. 롭은 현재에도 이 스폰서 계약을 유지하고 있다. 그 당시 스프링필드 아머리가 지원하는 사수는 50명을 넘을 정도로 번창했다. 그리고 이탈리아의 탄폴리오Tanfoglio로부터 부품을 공급받아 CZ75의 클론 모델인 P9을 자사제품 라인업에 추가했다. 당시 탄폴리오 부품 기반의 커스텀 총기가 사격 경기에 등장하여 상위권에 오르는 고무적인 현상을 보여주었는데, 이에 자극받은 스프링필드 아머리에서는 1911 뿐 아니라 9mm 구경의 하이캐퍼 더블

액션 모델도 제품군에 추가시키게 된다.

하지만 급격히 사업을 확대하는 바람에 경영이 악화되어 1992년 말에는 도산의 위기를 겪기도 했다. 이후 대대적인 구조조정을 거쳐 리스 가의 경영권을 지키는 체질개선을 시도한다. 그로 인해 P9은 공급을 중지하고 1911계열과 M1A에 집중하는 체제로 전환하며 유명 경

기 사수에 대한 스폰서를 중단하여 많은 이들이 회사와 계약을 종료하게 되었다.

그러나 이러한 체질개선의 노력 덕분에 스프링필드 아머리 제품의 품질이 크게 개선되었는데, 1911 클론 모델을 내놓는 경쟁사들은 얼마든지 있었기 때문에 이러한 품질 향상은 무엇보다 중요한 부분이었다. 1998년에는 스프링필드 아머리에서 생산한 1911의 FBI 채택이 발표되었다. 수많은 1911 공급 업체 중에서 스프링필드가 선택된 것이다. 이것이 바로 뷰로 모델Bureau Model이라 불리는 FBI 사양의 1911로, 후에 민수시장에서 프로페셔널 모델Professional Model이란 이름으로 판매되기도 했다.

2002년, 스프링필드 아머리는 크로아티아의 HS 프로덕트와 계약한 후, HS2000을 OEM 형태로 공급받아 스프링필드 XD라는 제품명으로 시장에 내놓게 된다. XD는 스트라이커식의 폴리머 권총으로 제품 자체도 우수했지만 여기에 스프링필드 아머리의 기업 인지도와 영업력이 합쳐지면서 매우 잘 팔리는 모델이 되었다. 그 덕분에 후에 디자인과 성능을 업그레이드한 후속기종인 XDM이 출시되기도 했다.

지금의 스프링필드 아머리는 미국의 손꼽히는 대형 총기 제조사 중 하나로 성장했다. 하지만 훌륭한 제품을 공급하고는 있다 해도 독자적으로 총을 설계제작하는 능력을 가진 회사는 아니다. 그럼에도 높은 기획력을 발휘하여 1911을 기반으로 한 제품군을 디자인하여 지금의 위치까지 올라올 수 있었다. 이것이 1911이 그만큼 매력적인 아이템이라는 반증일 수도 있겠다.

Kimber

커스텀 부품을 표준 장비한 대량생산 모델

Text : Satoshi Matsuo
Photo : Yasunari Akita, SHIN

킴버 워리어와 TLE/RL II 모델. 워리어는 Det-1채용 모델의 민
수시장 판매 제품이며 사진 앞쪽의 TLE/RL II는 Tactical Law
enforcement Rail II의 약자로 스테인리스 모델이다.

1979년 잭 원Jack Warne과 그의 아들인 그렉 원Greg Warne은 오레곤 주에 킴버 오브 오레곤Kimber of Oregn을 설립하여 윈체스터 모델 52를 복제한 고품질의 .22 LR 구경 볼트액션 라이플을 생산했다. 이후 센터파이어 라이플에도 진출하여 라이플맨즈 라이플Rifleman's Rilfe이라고도 불리는 윈체스터 모델 70 Pre'64을 복제한 제품을 출시했는데, 1990년에 도산해 버리면서 이곳의 직원이었던 댄 쿠퍼Dan Cooper가 몬타나 주에 쿠퍼 파이어 암즈Cooper Firearms를 설립하게 되었다.

그렉 원은 수년 후 킴버를 재건하기 위해 레슬리 에델만Leslie Edelman과 손을 잡는다. 하지만 에델만은 뉴욕 주의 총기부품 업체였던 제리코 프리시즌Jerico Precision 쪽이 새로이 태어나는 킴버의 파트너로 어울린다고 생각했다. 제리코는 1911의 제품화를 생각하고 있었다.

1994년, 킴버가 뉴욕 주로 이전하면서 킴버제 1911 제조기획이 본격적으로 발동되었다. 이듬해인 1995년에는 킴버의 1911이 등장했다. 그해의 SHOT SHOW에서 스피드 슈팅 부문의 챔피언인 칩 맥코믹Chip McCormick이 킴버의 제품을 훌륭하다고 평가하면서 많은 사람들이 킴버의 1911에 주목하기 시작했다.

첫 제품인 킴버 클래식 45 커스텀Kimber Classic 45 Custom은 칩 맥코믹의 총몸, 슬라이드를 이용하여 확장형 안전장치Extended Combat Safety, 비버테일 손잡이 안전장치, 경량화를 위해 뼈대 모양으로 절삭 가공한 스켈레토나이즈드Skeletonized 경량화 방아쇠와 공이치기 Skeletonized Commander Hammer, 탄피 배출을 위해 바깥으로 퍼지는 형태로 절개한 탄피 배출구Flared Ejection Port, 손으로 잡을 때의 편의를 강화한 슬라이드 앞부분의 톱니요철 가공 Front Serrations, 방아쇠울과 손잡이의 연결부를 움푹하게 깎아서 중지 손가락을 좀 더 단단하게 쥘 수 있도록 돕는 릴리프 컷 언더 방아쇠울Finger Relief Cut under Trigger Guard, 경사각이 들어간 매그웰Beveled Magwell, 맥코믹이 디자인한 가늠쇠Dovetail front sight와 가늠자Low mount rear sight의 구성으로 $575에 판매되었다.

당시 시판되던 콜트의 마크IV 시리즈 '80 기본형이 $735, 스프링필드 아머리의 1911 A1 기본형이 $459의 가격대를 형성하고 있었던 점을 생각한다면, 커스텀 부품 구성이면서 이 정도 가격이라는 것은 상당히 놀라운 것이었다. 구성 부품 만을 놓고 보더라도 매력적이었던 것이, 부품을 개별 구입하더라도 정밀한 성능

을 발휘하기 위해서는 일반인이 직접 조립하기보다는 전문가인 건스미스에게 부품 조립과 조정을 의뢰하는 쪽이 효과적이었기 때문이다. 어느 정도 수준을 만족시키는 커스텀 부품을 표준 탑재한 제품이야 그 외에도 있었지만 킴버 수준의 커스텀 모델을 공장제조 사양으로 판매하는 제조사는 아직 존재하지 않았다.

킴버가 이 정도 부품 구성으로 저가격을 달성할 수 있었던 것은 이들 부품의 대부분을 MIMMetal Injection Molding, 금속 분말 사출성형 방식으로 제작할 수 있었기 때문이다. MIM은 종래의 분말야금 합금법과 플라스틱 등의 부품제조에 사용되던 사출성형법의 장점을 융합시킨 제조기술이다. 원재료가 되는 금속제 분말에 왁스, 수지 등의 유기 바인더를 배합, 사출 성형기를 통해 성형한 뒤, 고온가열로 바인더를 제거와 소결 과정을 거쳐 밀도가 높은 금속제 부품을 제조하는 방식으로 분말 야금 방식보다 훨씬 미세한 금속분말을 사용, 소형 정밀부품을 생산하는데 유리한 방식이다. 절삭가공 부품에 비해 품질은 다소 떨어지지만, 저렴한 가격으로 부품을 만들 수 있는 것이 장점이다. 킴버는 이러한 MIM 공법의 장점을 살려 일정수준 이상의 품질과 상대적으로 저렴한 가격의 1911 커스텀을 시장에 공급, 빠른 속도로 1911 시장에 자리

▲LAPD SWAT에 채용된 LAPD 메트로 커스텀Metropolitan Division Custom /RL II.

잡을 수 있었다.

이후 킴버는 소형 모델과 폴리머 총몸 사양 등의 제품을 추가하여 자사의 위치를 굳건히 했다. 여기에 미국 LAPD SWAT과 미 해병대 특수작전사령부MARSOC 산하 제1분견대Det One, Detachment 1에 채용되는 등의 실적으로도 인지도를 높였다.

킴버는 1911에게 필요한 제품을 철저하게 늘려 나갔다. 5" 총열의 표준적인 커스텀, 4" 총열의 프로, 3" 총열의 울트라 플러스와 소형 총몸을 사용하는 울트라, 3.15" 총열과 9mm 탄약사양의 마이크로 9, 2.75" 총열과 .380 ACP 사양의 마이크로 등 6개의 기본 플랫폼이 있으며, 여기에서 각종 사양의 변화를 주어 이클립스, 워리어, CDP, 랩터, 코버트, 골드 매치 등의 베리에이션이 있다. 손잡이 안전장치로 해제되는 자동 공이 잠금 방식은 2001년에 추가된 기능으로 이 기능이 적용된 모델은 모델명 뒤에 'II'를 표시하는 방식으로 구분짓는다. 한때 제품군에 있었던 복열탄창식 폴리머 총몸 모델은 얼마 못 가서 사라져 버렸다. 킴버는 기본적으로 단열탄창과 금속제 총몸의 1911 부문, 그리고 경기용 총기 부문에서 다채롭고 풍부한 제품을 공급하고 있다. 킴버 정도로 제품군이 다양한 1911 공급사는 찾아보기가 어렵다.

23년 전 킴버의 방향성을 결정했던 레슬리 에델만은 지금도 킴버의 CEO이다. 지난해 킴버에는 새로운 움직임이 있었다. 1911 이외의 권총으로, 수년 전 소형권총인 솔로Solo를 신규 개발하여 제품화한 것이다. 다만 이쪽은 좋은 성적을 거두지는 못 했다. 2016년에는 신제품으로 리볼버 K6를 제품화했다. 킴버가 독자적으로 디자인한 1911 이외의 총기이기 때문에 만약 이 제품이 성공한다면 킴버는 총기 제조사로서 다음 단계로 도약할 수 있을 것이다.

Para Ordnance

하이캐퍼 1911의 선두주자

Text : Satoshi Matsuo
Photo : Yasunari Akita, SHIN

▲파라 PXT1911 리미티드

▲공이치기 오른쪽의 부품이 공이 잠금 해제용 리프터이다.

파라오드넌스는 1985년에 테드 사보Tad Szabo와 타노스 폴리조스Thanos Polyzos가 캐나다에 세운 회사로, 1988년부터 1911의 복열탄창Double stack 총몸 개조 키트의 공급을 시작했다. 미군의 M9 사업의 영향도 있어, 70년대 후반부터 9mm 구경의 자동권총들은 복열탄창, 더블액션이 주류로 떠올랐지만 상대적으로 큰 .45ACP를 사용하는 1911에 복열탄창을 탑재하는 것은 불가능하다고 여겨지고 있었다. 9mm 모델은 15발 이상의 탄창이 주류가 되었지만 1911의 기본 사양은 7발이었기 때문에 배 이상의 장탄수 차이를 보였다. 이런 판도를 변화시킨 것이 파라 오드넌스였다. 이 회사의 복열탄창 총몸은 분명 두껍긴 했지만 쥐어보니 나쁘지 않았고, .45ACP에게선 불가능할 것이라 여겨졌던 복열탄창 기술도 의외로 나쁘지 않다는 결과를 보여주었다.

이 총몸 키트에는 두터운 복열탄창과 이를 삽입할 수 있는 총몸 등, 한 자루의 1911을 개조하기 위한 부품이 포함되어 있어서, 여기에 기존 1911의 슬라이드와 그 외 부품들을 조립하는 것으로 13연발 탄창을 사용하는 1911을 만들 수 있었다.

파라 오드넌스가 완제품 1911을 만들기 시작한 것은 1990년으로 5" 총열의 기본 사이즈인 .45 모델은 P14-45, 좀 더 작은 4.25" 총열은 손잡이 안전장치를 삭제한 후에 P13-45라고 이름 붙였다. 여기에 좀 더 짧은 3" 총열의 모델은 손잡이 부분을 좀 더 잘라내어 P12-45라고 이름붙였다. 모델명에서 P자 뒤의 숫자는 탄창 장탄수에 약실 내 1발을 합한 숫자를 의미한다. 총몸은 철, 알루미늄 합금, 스테인리스 등으로 제조되었으며, 이후 .40S&W와 9mm 파라벨럼 등 사용탄약의 사양을 달리한 모델도 생산되었다.

파라 오드넌스의 총몸은 방아쇠와 연동하는 자동 공이 잠금 방식을 탑재하고 있다. 이것은 콜트가 시리즈 '80을 제품화할 당시 추가한 기능과 같은 것이다.

파라 오드넌스가 완제품을 발매하고 4년이 지난 1994년, 미국 클린턴 행정부는 공공안전 및 오락성 총기사용 보호법Public Safety and Recreational Firearms Use Protection Act이라 불리는 강력한 총기 규제 법안Federal AWB, Assault Weapon Ban을 시행했다. 이로 인해 대용량 탄창에 대한 규제가 실시되면서 총기의 탄창 장탄수가 10발로 제한되었다. 하이캐퍼(대용량) 제품을 주력상품으로 하던 파라 오드넌스에게 있어서는 치명적인 상황이었으나 규제 법안이 시행되는 1994년 9월 이전에 제조된 탄창은 판매도 소지도 문제가 없었다. 파라 오드넌스를 비롯하여 각 업체들이 법안 시행 전의 판매를 위해 대용량 탄창을 대량으로 생산하여 판매했다. 이로 인해 파라 오드넌스는 그 후에도 복열탄창 방식의 1911의 판매를 계속할 수 있었다.

1996년에는 3" 총열을 가지고 최소한으로 크기를 줄인 P10-45를 발매하게 된다. 하지만 이 때는 이미 복열탄창이 파라 오드넌스 만의 전매특허가 아니었기에, STI나 스트레이어 바이트, 캐스피언 등의 업체에서도 제품을 출시했고 치열한 경쟁이 벌어졌다.

20세기 말에는 자사 제품군을 급속도로 팽창시켰다. 1999년에는 무게를 크게 줄인 더블액션 방아쇠를 탑재한 1911인 LDA를 발표하였고 2000년에는 최초의 단열탄창 사양의 1911을 내놓았다.

그리고 2004년, 기존의 제품을 일신하여 독자 개발한 갈퀴 부품인 PXTPower Extractor를 탑재하게 된다. 1911의 단점 중 하나는 갈퀴였다. 기존의 디자인은 이미 오래된 것으로 상태 조정이 어렵다는 단점이 있었다. 태드 사보는 기존 갈퀴의 단점을 보완할 수 있는 디자인으로 새로운 갈퀴를 제작하여 파라 오드넌스의 1911에 탑재했다. 이 부품은 외부에 노출되지 않아서 기존 1911과 외관 상으로는 차이가 없었다.

2007년 3월, 창업자이기도 했던 테드 사보가 타계했다. 이 때문은 아니겠지만 2008년에는 파라 오드넌스의 미국 법인이 "파라 USAPara USA"가 되며 플로리다로 거점을 옮겨 미국 시장 공략을 위한 행보에 박차를 가했다. 하지만 PXT는 실패하고 만다. 기존의 갈퀴의 단점을 개선한다고 했지만 오히려 탄피배출 불량을 일으켜 몇 번이나 개량이 가해졌지만 번번히 실패하여 결국 2012년에는 퇴출당하고 만다. PXT는 제품 품질 관리 상의 문제를 안고 있음을 드러내는 결과만 가져왔다.

같은 2012년, 레밍턴은 파라USA의 매입을 발표했다. 레밍턴이 권총류의 신제품을 전개하면서 파라USA의 기술을 활용하는 것이 목적이었다.

2014년에는 파라의 제품 생산시설을 알라바마 주 헌츠빌Huntsville에 있던 레밍턴 생산거점으로 이전하게 된다. 이후 2015년, 레밍턴 그룹의 제품 라인업에서 파라의 제품들이 모두 사라졌다. 파라 오드넌스가 이렇게 사라질 줄은 아무도 생각하지 못 했다.

하지만 2017년, 레밍턴은 자사의 1911R1의 라인업에 옛 파라 제품을 부활시켰다. 과거 파라의 주력 제품이었던 풀사이즈 복열탄창 모델로 모델 1911R1 리미티드 더블스택Limited Double stack, 모델 1911R1 택티컬 더블스택Tactical Double stack이다. 명칭도 19.9(9mm 19+1), 18.40(.40 S&W 18+1), 16.45(.45 ACP 16 +1)과 같이 과거 파라 오드넌스가 자사 제품에 붙이던 작명 방식을 따랐다. 여기에 탄창 등도 기존의 파라 오드넌스와 호환되는 등, 파라 오드넌스의 이름이 붙지 않았을 뿐, 왕년의 파라 오드넌스 제품의 부활이라 볼 수 있는 것이었다.

▲왼쪽부터 P12-45, PXT 하이캡, LDA

Smith & Wesson
SW1911
콜트 최대의 라이벌이 낳은 1911

Text : Satoshi Matsuo
Photo : Turk Takano

S&W가 영국의 톰킨스Tomkins plc 산하에 있던 1987년에서 2001년 4월까지는 그야말로 암흑시대라고 할 만 했다. 사내 커스텀 샵이라 할 수 있던 퍼포먼스 센터를 개설하고 티타늄이나 스캔디움과 같은 혁신적인 소재를 사용한 제품을 개발하며 의욕적인 행보를 보였지만, 정작 중요하다 할 수 있는 제품의 품질은 계속 떨어졌기 때문이다. 1994년에는 글록 시리즈를 어설프게 모방한 시그마를 상품화했다가 소비자에게 실망감을 안겨주었다. 여기에 총기규제 찬성파에 동조하는 듯한 기업 방침을 세워(클린턴 정부의 총기규제 협약에 협조하기로 서명했다 - 역자 주) 총기시장에서 불매 운동이 일어나기도 했다. 유저의 지지를 완전히 잃은 S&W의 경영은 그야말로 바람 앞의 등불 같은 상황이었다.

톰킨스 plc는 2001년 5월, 미국의 총기 보안금고 회사인 세이프-T-해머Saf-T-Hammer라는 회사에게 S&W를 4,500만 달러에 매각했는데, 이것이 S&W의 부활의 신호였다.

2003년 SHOT SHOW에 참가한 S&W는 1911의 클론 모델인 SW1911과 매그넘 리볼버 시장의 1인자 타이틀을 만회하기 위한 모델 500을 발표하여 뜨거운 반응을 얻게 된다.

미국 민수시장에서 자동권총 중 가장 인기있는 것은 역시 1911 계열이다. 이미 콜트의 특허는 기한이 만료되어 그 당시는 누구나 1911 클론 모델을 만들 수 있는 시기였다. 하지만 미국 최대의 권총 제조사로서의 자존심을 가지고 있던 S&W가 창업 이후 줄곧 경쟁자였던 콜트의 복제품 같은 것을 만들 수는 없었다. 결국 자동권총 분야에서는 자사의 모델 39/59 계열의 제품을 만들어나갔으며, 1998년에는 퍼포먼스 센터에서 모델 945를 만들어낸다. 모델 39/59계열의 특성을 가진 채 1911의 장점을 더한 것이 모델 945였다. 이 제품은 상당한 호평을 받았다.

한편 S&W는 은밀하게 1911에 호환되는 부품을 제작하여 1911 클론 모델을 다루는 제조사에 공급했다. 당시 킴버 1911의 슬라이드와 총몸은 S&W에서 제조한 것으로, S&W도 자신들이 만든 이 부품을 이용하면 1911 클론 모델을 간단하게 만들 수 있었다. 새로운 경영진은 S&W의 브랜드로 1911을 공급하는 전략을 결정, 2003년에는 SW1911을 발표하게 된다. 모델 945는 퍼포먼스 센터 전용 모델이지만 SW1911은 일반 판매되는 제품이었다. 그리고 SW1911은 콜트의 1911보다 품질이 뛰어났다. 당연히 고객으로부터 부정적인 의견은 거의 없었다. S&W의 결정은 현명했다.

2003년 당시 S&W에는 딱히 잘 나가는 자동권총 모델이 없었다. 모델 39/59 계열의 3세대는 유럽의 회사들이 내놓는 경쟁작에 비해 설계가 낡았으며, 시그마의 개량형은 성능이 떨어져 인기를 끌지 못 했다. 발터 암즈의 P99를 기반으로 한 SW99가 있었지만 P99 자체의 인기가 별로였기 때문에 S&W의 브랜드를 걸고도 딱히 뾰족한 인기를 얻지는 못 했다. 사정이 이러했던 당시의 S&W에게 SW1911은 4번타자가 되었고 이러한 상황은 M&P 시리즈가 등장하는 2006년까지 계속 되었다.

SW1911은 콜트 거버먼트 모델의 복제품이었지만 개량된 곳도 몇 군데 있었다. 킴버의 시리즈 II와 마찬가지로 자동 공이 잠금 기능이 추가되어 있었다. 이는 콜트의 시리즈 '80과 달리 방아쇠가 아니라 손잡이 안전장치를 쥐어서 해제하는 방식이었다. 디자인적으로는 1937년의 콜트의 기술자였던 W. L. 슈워츠가 특허를 신청했던 일명 슈워츠 세이프티와 같은 것이었다. 말할 것도 없이, 이미 특허 기한은 만료된 후였다. 갈퀴는 외장식을 탑재했다. 같은 시기의 킴버 역시 외장식 갈퀴를 채택했지만 작동불량이 많았던 듯, 그 후 내장식으로 교체했다. 하지만 S&W는 현재에도 여전히 외장식을 유지하고 있다.

내장식 갈퀴, 이른 바 1911의 기본적인 갈퀴는 상태 조정이 어렵다는 의견도 있지만 1911에 익숙한 건스미스는 간단하게 할 수 있는 듯 하

다. 현재 각사에서 만들어지고 있는 1911 클론 모델의 대부분이 내장식 갈퀴를 탑재하고 있다. 1911 클론 모델 제조사라 하더라도 슬라이드와 총몸을 직접 자사생산하는 업체는 극히 소수로서, 대부분이 각인이 없는 슬라이드와 총몸 등을 타사로부터 구매하여 사용하고 있다. 이런 점도 외장식 갈퀴를 탑재하기 어려운 이유 중 하나이다. 그리고 외장식과 내장식 중 어느것이 좋은가를 딱잘라서 말하기도 어려운 일이다.

SW1911은 킴버가 등장했을 때와 마찬가지로 커스텀 모델의 기본이라 할 수 있는 부품들을 탑재하는 형태로 등장했다. 노벅Novak식 가늠자인 LoMount Carry Rear Sight를 탑재하고 롱 리코일 스프링 가이드, 확장형 수동 안전장치, 비버테일 손잡이 안전장치 윌슨 8rd 탄창, 오벌 링Oval Ring 공이치기 등의 부품들로 이루어진 이 구성은 킴버가 등장했던 1995년 정도였다면 눈에 띄는 것이었겠지만 그로부터 8년이 경과한 2003년 시점에서는 그다지 새로운 것도 아니었다. 보수적인 콜트조차도 XSE라는 제품에서 같은 구성을 보여주었다. 2003년 시점에서 콜트 XSE가 $950, SW1911은 $900이었다.

SW1911은 그로부터 14년이 지난 지금도 계속 생산되고 있지만 그 베리에이션은 의외로 그리 많지 않다. 퍼포먼스 센터의 모델을 합치더라도 기본 사이즈인 5"모델이 수 종류에, 좀 더 작은 4.25" 모델, 3" 총열을 사용하는 소형 모델이 소수 있는 정도이고 복열 탄창이나 폴리머 총몸 등의 옵션은 존재하지 않는다. M&P 시리즈가 주력이 된 지금 SW1911은 S&W 제품의 선택지 가운데 하나로 남겨두고 있다는 느낌이다.

▲ 손잡이 안전장치 왼쪽의 부품이 공이잠금 리프터이다.

SIG Sauer

자사 독자 디자인을 더한 1911

Text : Satoshi Matsuo
Photo : Yasunari Akita

▲SIG 1911 나이트론 레일Nitron Rail

1957년, 스위스의 공업회사였던 SIGSchweizerische Industrie-Gesellschaft의 총기개발부문은 제1세대 돌격소총 개발에서 스위스의 조병창이었던 연방 무기 공장Eidgenössische Waffenfabrik과의 경쟁했고 승리를 거뒀다. 그 결과 SIG SG510이 Stgw57이라는 제식명으로 스위스군에 채용되었는데, 무장중립국가 스위스는 국민개병제로서 냉전 시대에 거의 모든 성인 남자가 이 총을 국가로부터 지급받아 병역이 끝날 때까지 자신의 집에 보관해 두도록 하고 있었다. 즉, 스위스군에 제식 채용되었다는 것은 매년 병역 징집연령에 해당하는 남성인구 만큼의 총기를 국가에 납품해야 한다는 것을 의미했으며, 해당 기업이 계속 안정될 수 있다는 것과 마찬가지였다. SIG는 제2세대 돌격소총 선정에서도 승리하여 SG550이 Stgw90이라는 제식명으로 채용되었다. 하지만 이 총이 배치될 예정이었던 1990년에 냉전이 끝나버리는 바람에 스위스가 재래식 전력에 침공당할지도 모른다는 공포도 크게 감소했다. 국민개병제도는 유지되었으나 적은 병력으로도 효과적인 국방을 할 수 있는 형태로 개선되면서 유사시 소집되는 예비역 역시 크게 줄어들었다. 이로 인해 매년 SG550을 보충받을 필요도 없어졌다. 그 결과 스위스 공업회사, SIG의 총기제조부문은 골치 아픈 짐 덩어리로 전락하고 말았다. 결국 SIG는 2000년에 독일의 기업 자본에 매각되었다. 그 결과 탄생한 SIG 자우어는 종래의 건실한 제조기업이었던 모습을 탈피하고 화려한 제품 전개를 보여주는 회사로 변신하게 된다.

제품 전략 역시 크게 변하여 기본 제품의 사양을 조금씩 다르게 한 후 별도의 제품 번호를 부여하여 카탈로그에 포함시켜 라인업을 늘리는 등 기존의 SIG로서는 도저히 생각할 수 없었던 형태의 사업을 전개했다.

S&W가 SW1911을 발표했던 2003년은 SIG가 큰 변화를 보여주고 있던 시기였다. S&W가 1911을 발표한 것을 보고 SIG 자우어 역시 1911을 내놓을만한 가치가 있다고 판단했던 것이

다. 이를 통해 SIG 자우어의 1911 클론 모델 기획이 시작되었다.

SIG 자우어 GSR1911의 존재는 2003년 무렵부터 인터넷을 통해 널리 알려지게 되었다. GSR은 Granite Series Rail의 약자로 Granite는 화강암을 뜻한다. 이 1911 클론 모델은 SIG 자우어의 미국 법인이 주도하여 개발한 것으로, 이 회사는 뉴 햄프셔 주에 거점을 두고 있으며 화강암은 뉴 햄프셔의 특산물이자 상징이었다. 즉 'GSR'이라는 이름은 "바위처럼 견고한" 1911이라는 이미지로 붙인 것이다. 그런 작명 스타일은 기존의 SIG에서는 상상하기 어려운 것이었다.

초기 GSR1911의 슬라이드와 총몸은 고품질로 유명한 카스피안Caspian제품이었다. 그 외의 각 부품들 역시 유명 업체의 부품을 대거 사용했다. 그만큼 가격도 높아질 수 밖에 없어서 SIG 자우어가 설정한 이 제품의 판매가는 $1,077이었다. 참고로 2003년에 등장한 SW1911은 $900였는데, S&W은 유명한 외부 업체의 부품 대신 직접 제작한 슬라이드와 총몸을 사용했다. 또한 GSR1911과 동급의 대량 생산형 커스텀 건이라 볼 수 있는 레스 베어의 1911 프리미어 II는 2014년 기본 모델의 가격이 $1,428이었다. 레스 베어의 총은 높은 완성도의 제품으로, 필자도 전성기를 누리던 당시의 레스 베어의 총기를 쏴본 적이 있는데 서로 맞물린 부품들이 정확하게 움직이는 걸작이었다.

카스피안의 슬라이드와 총몸도 레스 베어 정도는 아니더라도 매우 잘 만들어진 부품이었다. SIG 자우어는 이러한 부품을 사용하여 대량생산품을 만들었기 때문에 가격면에서도 생산효율면에서도 문제가 많았고 그 결과 수지타산을 맞추는 것이 어려웠다.

2006년, 시그는 GSR을 전면철회하고 슬라이드, 프레임 등의 직접 생산과 함께 공이치기와 시어는 방전 가공, 그외 주요 부품은 MIM 공법으로 제작하는 기획을 실행한다. 그 결과 생산비용에서 파격적인 절감 효과를 가져오게 되

고 GSR의 명칭도 Granite Series Revolution의 약자로 변경하는 한편 레일을 생략한 사양도 추가하는 등 제품전략을 전면적으로 수정하게 된다. 이 결과 시그는 더욱 자유롭게 1911의 제품군을 전개할 수 있게 되었다.

현재의 SIG 자우어 권총은 P220으로부터 시작된 고전적인 제품군을 크게 늘리고 폴리머 총몸을 P320의 파생형, 그리고 1911계열의 파생형이 존재하는 형태로 이루어져 있다.

이러한 과감한 전개는 S&W와 완전히 대비되는 것이다. 다양한 제품군을 준비하여 그 중에서 유저의 마음에 드는 제품을 선택하게 하는 것이 SIG 자우어의 전략이다. 언제부터인가 모델명에서 GSR의 이름도 사라졌다.

2000년 이래 SIG 자우어는 이전과는 전혀 다른 기업풍토를 만들었다. 스위스와 독일을 거점으로 건실하고 탄탄한 SIG 자우어에서, 미국에 진출하여 다양한 제품군을 전개하는 거대 총기기업 SIG 자우어로의 변신을 꾀하고 있다. 1911의 제품군을 보고 있으면 SIG의 그러한 혁신은 성공할 것으로 느껴진다.

NIGHTHAWK CUSTOM

하이엔드 1911 커스텀

Photo : SHIN
Text : Satoshi Matsuo

▲ 나이트호크T3

▲ 나이트호크 GRP

▲ T3에는 하이니의 슬랜트 프로 스트레이트 8 트리튬 가늠자가 탑재되어 있다.

나이트호크 커스텀은 마크 스톤Mark Stone과 3인의 건스미스가 2004년에 세운 회사이다. 그들은 그 이전에 윌슨 컴뱃Wilson Combat에서 근무한 바 있는 1911의 전문가들이었다. 그로부터 14년이 지난 현재, 이 회사는 직원수 65명에 1911과 레밍턴 870 기반의 오리지널 모델을 공급하는 커스텀 총기 제조사로 성장했다. GRP는 Global Response Pistol의 약자로, 나이트호크 커스텀의 기본 모델의 명칭이다.

GRP의 가격은 $2,995에서 시작하는데 이것이 나이트호크의 1911 중 가장 저렴한 모델이다. 매우 비싸다고 생각할 수도 있지만 이 회사의 제품은 한 자루의 총을 여러 명이 공정을 나누어 작업하는 분업체제가 아닌 "한 명의 건스미스가 만드는 한 자루의 총One Gun, One Gunsmith"라는 1인 전담 체제로 제작되고 있다. 그들은 자신이 만든 총을 직접 시험사격해 보며 품질을 검증한 후 왼쪽 손잡이 안쪽에 철제 스탬프를 찍어 장인이 책임을 지고 만든 물건임을 증명한다. 또한 모든 부품을 통짜 금속 덩어리를 절삭하는 방식으로 제조하며, 시판되는 저가의 다이캐스트 부품, MIM 부품 등은 전혀 사용하지 않는다. 고도의 기술과 책임감을 가진 건스미스가 최고품질의 부품들을 조합하

여 제작한 총을 $2,995의 가격에 구입할 수 있다면 오히려 파격적인 염가라고 생각해야 할 것이다.

GRP는 5인치 총열의 .45ACP 모델로 블랙나이트 라이드 피니쉬, 하이니Heinie의 트리튬 야간 가늠자를 탑재하였으며 손잡이 앞부분과 뒷쪽의 스프링 하우징 부분에 25lpi의 체커링 가공을 했으며 나이트 호크 트라이캐비티Tri-Cavity 알루미늄 방아쇠 등으로 구성했다. 기본 모델임에도 이 정도로 정성이 들어간 것이다. 이는 마치 "1911은 이 GRP 모델 정도로 정성을 들이지 않으면 그 가치를 발휘할 수 없다"고 주장하는 것 같기도 하다.

나이트호크의 1911의 평균가격대는 $3,000이며 이번에 소개하는 T3은 $3,450이다. T3는 오피서즈 사이즈Officer's Size, 3.5" 총열 모델의 총몸에 코맨더 사이즈Commander Size, 4.25" 총열 모델의 슬라이드와 4.25" 총열을 조립하여 만든 .45구경 모델로서 GRP 시리즈의 공통적 특징 외에도 나이트호크 T3 매그웰, 헤이니의 슬랜트 프로 스트레이트 8 트리튬 가늠자Slant Pro Straight 8 Tritium Sight을 탑재하는 한편, 슬라이드 후면에 40lpiLine per Inch의 톱니요철 가공을 추가하고 슬라이드 상단에도 요철 가공을 더했으며 독특한 각도

의 총구 형태를 가진 총열을 채용하였으며 마지막으로 하이컷 프론트 스트랩High Cut Front Strap, 손잡이 앞부분의 윗부분을 절삭하여 손에 쥐는 감각에 최적화한 디자인을 추가하여, 휴대용 권총으로서는 최고 수준의 제품으로 완성되었다. 이러한 사양은 어디까지나 기본적인 것으로 개인적으로 희망하는 추가사항이 있다면 세일즈REPManufacturer's Representative와 상담하여 좀 더 자신의 취향에 맞는 사양으로 결정할 수도 있다.

이 외에도 나이트호크 커스텀의 제품군 중에는 브라우닝 하이파워와 레밍턴 870의 커스텀 모델이 있으며 2016년에는 리볼버 제품도 선보였다. 독일의 고급 리볼버 코스Korth이다. 현재는 스카이호크Skyhawk, 몽구스Mongoose, 슈퍼스포츠Super Sport에 코스 리볼버에 나이트호크의 각인이 새겨진 제품 정도가 제품군에 포함되어 있는 정도이지만 이후 나이트호크의 손을 통해 코스 리볼버가 점점 진화·발전할지도 모를 일이다.

SHOT SHOW 2017에 전시된 1911

Text : Satoshi Matsuo / Photo : Yasunari Akita

매년 1월에 개최되는 SHOT SHOW는 세계 최대의 총기 전시회로, 다수의 업체들이 제조 중인 1911이 전시장 이곳저곳에서 다양한 형태로 전시된다. 최근에는 .45ACP가 9mm 사양 1911이 큰 주목을 끌었는데, SHOT SHOW 전시장에서도 그것을 실감할 수 있었다.

SHOT SHOW에 나온 모든 1911을 소개하는 것은 불가능에 가깝기에 여기서는 그 중 일부라도 소개하고자 한다.

▲킴버의 투톤 II와 스테인리스 II의 전시 공간.

▲킴버에서는 다양한 1911 제품군을 선보였다.

▶킴버 로즈골드 울트라 II.

▲여기서부터는 킴버 커스텀 샵의 제품을 7정 정도 소개하고자 한다. 우선 이것은 커스텀 II AH-64 어택.

▲골드매치 II 하이 캘리버 클럽.

▲로열 II 레이디 에이스

▲데저트 워리어 디플로매틱 시큐리티 Desert Warrior Diplomatic Security.

▲커스텀 II SOTF-SE OFF XX

▲커스텀 II 아크엔젤.

▲커스텀 II 아마릴로 폴리스Amarillo Police.

▲이쪽은 킴버의 일반 제품군이다.
왼쪽 위 : 마이크로 9 벨 에어Bel Air
　　　　(9x19mm)
오른쪽 위 : 마이크로 (.380 ACP)
왼쪽 아래 : 마스터 캐리 프로 (9mm)
가운데 : 캠프가드 10 (10mm)
오른쪽 아래 : 이클립스 커스텀

◀▲▶나이트호크 커스텀은 고급 1911을 다수
공급하고 있다. 사진의 모델은 나이트호크 캐리.

▲▶나이트호크 트라이컷 캐리 9mm.

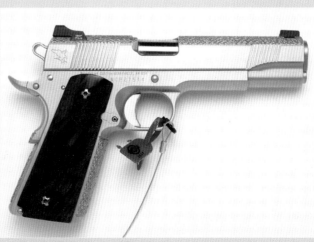

▲나이트호크 컴플리트 커스텀 스티플 (CCS).

117

▼ ▶록 아일랜드 아머리Rock Island Armory는 필리핀의 암스코Armscor의 제품을 판매하는 업체이며 .22TCM이라 불리우는 소구경 고속탄을 사용하는 모델을 제안하고 있다. 5.7mm나 4.6mm 탄약과도 닮았는데 실제로 쏴본 결과 반동이 가벼워서 상당히 쏘기 편한 탄약이었다. 하지만 아무래도 시장보급율이 낮아서 작년에는 .45나 9mm 모델도 내놓는 모습을 보였다.

▲이것은 록울트라 CS-L. .22TCM 탄약을 사용하는 모델이다.

▲캐봇 건스 블랙 다이아몬드 디럭스. 한정판 모델이다.

▲캐봇 건스Cabot Guns는 고품질 1911을 기반으로 상당히 아름다운 표면 처리를 한 제품을 다수 제조하고 있으며 그 중에는 완전한 좌우반전 사양의 왼손잡이용 모델도 있다. 사진의 이 모델은 이름은 알 수 없으나 상당히 고급스럽게 만들어졌으며 방아쇠와 손잡이 덮개의 일부가 유리처럼 투명한 사양이었다.

▲캐봇 건스 얼티메이트 베드사이드 택티컬 1911.

▲캐봇 건스 S100의 DLS 피니시.

▲캐봇 건스 빈티지 클래식 모델을 고급스러운 표면처리 사양으로 업그레이드한 모델.

▲이것도 캐봇 건즈의 제품으로 아메리칸 조 커맨더라는 모델이다.

▲유러피안 아메리칸 아머리Europian American Armory, EAA는 이탈리아 탄폴리오제 1911을 수입·판매하고 있었다. 사진은 폴리머 총몸을 사용한 위트니스 엘리트 1911 폴리머 커맨더.

▲이 모델도 EAA의 제품으로 폴리머 총몸의 위트니스 엘리트 1911 폴리머 오피서.

▲레스 베어 커스텀은 1911 클론 모델 중에서도 일반 시판형의 고급 커스텀 모델이라는 포지션의 제품이다. 사진은 레스 베어 커스텀 선더 런치 스페셜 2세대 모델.

◀레스 베어 커스텀도 다양한 제품군을 선보였다.

▶레스 베어 콘셉트 V 6" 10mm.

▲레스 베어 블랙베어 9mm.

▲제시 제임스는 커스텀 사양의 오토바이와 차량을 전문으로 하는 제작자로 최근에는 총기 커스텀에도 진출하고 있다. 1911 뿐 아니라 AR계 소총과 볼트액션, 소음기까지 공급하고 있다. 사진은 제시 제임스 파이어암즈 언리미티드의 인그레이브드Engraved 모델.

119

▲록 리버 아머리Rock River Armory는 AR의 클론 모델을 제조하던 업체인데, RRA 1911이라는 제품명으로 1911 제품군도 전개하고 있다. RRA 1911은 모든 제품이 .45 구경이다.

▲록 리버 아머리 1911 폴리. 폴리머제 총몸을 사용한 모델이다.

▲록 리버 아머리의 1911 불즈아이 와드커터. 슬라이드 윗쪽에 조준경 등을 장착할 수 있도록 RRA 불즈아이 립Bullseye Rib이라 불리우는 레일을 슬라이드에 적용했다.

▲브라우닝 암즈는 FN 그룹 내에서 민수시장 판매를 전담하고 있다. 하이파워와 백마크 .22LR을 판매하고 있으며 1911 제품군에는 .380ACP와 .22LR 모델도 포함되어 있다. 전체 크기를 축소시킨 휴대용 소형 모델도 있으나 어째서인지 .45 ACP나 9mm 파라벨럼 모델은 다루지 않고 있다. 사진은 블랙레이블 1911 380

◀스프링필드 아머리는 1911 클론 모델 사업의 선두주자였다. 지금도 1911 제품을 다수 공급하고 있으며 사진의 모델은 9mm 전용 모델 EMP이다.

레밍턴도 수년 전부터 1911 시장에 진출했다. 제품군도 상당히 늘어났다.

▲카본 랩 배럴을 사용하는 볼트액션 라이플로 빠르게 성장 중인 크리스틴슨 암즈Christensen Arms는 AR계열과 1911계열의 제품을 전개하고 있었다. 양자 모두 상당히 고품질이. 사진의 모델은 G5이다.

▲아메리칸 택티컬 임포트American Tactical Imports는 센터파이어 타입 1911을 공급하는 한편 독일 GSG의 .22LR 경기용 모델도 공급하고 있다.

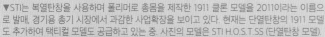

▲수년 전에 철수했던 파라 USA의 복열탄창 모델이 레밍턴 브랜드로 부활했다. 사진의 모델은 1911R1 택티컬 더블스택 스레디드Tactical Double stack Threaded.

▼STI는 복열탄창을 사용하며 폴리머로 총몸을 제작한 1911 클론 모델을 2011이라는 이름으로 발매, 경기용 총기 시장에서 과감한 사업확장을 보이고 있다. 현재는 단열탄창의 1911 모델도 추가하여 택티컬 모델도 공급하고 있는 중. 사진의 모델은 STI H.O.S.T.SS (단열탄창 모델).

▼STI H.O.S.T.DS (복열탄창 모델)

▲▲허드슨 H9

1911은 아니지만 허드슨 H9은 어떻게든 지면을 통해 소개하고픈 모델이다. 신규 업체인 허드슨 매뉴팩처링에서는 2016년 말에 1911의 디자인을 상당히 의식하여 개발한 H9을 공개했다. 스트라이커 격발식에 방아쇠 안전장치를 탑재한 메커니즘은 1911보다 글록에 가까운 것이지만 손잡이의 각도를 비롯한 전체 디자인은 1911에 가깝다. 하지만 성능을 보자면 다시 1911과는 달리 15발을 장탄하는 복열탄창 모델이다. 먼지덮개 부분에는 반동을 감소시키기 위한 설계가 적용되어 있어 높은 효과를 보여준다. 수동 안전장치는 탑재되어 있지 않다.
SHOT SHOW 2017에서 크게 주목받았지만 실제로 시장에 나왔을 때 얼마만큼의 반응이 있을지는 미지수이다. 하지만 1911에 가까운 손잡이와 방아쇠의 감각 등 기존의 1911 사용자의 흥미를 끌 요소가 많은 총인 것은 사실이다.

1911의
관리와 분해방법

TEXT&PHOTO : SHIN

평소 잘 관리된 1911은 1,000발 정도는 별 손질 없이 사격해도 될 정도이다. 사용하는 탄의 종류나 환경에 따라 오염 정도에 차이가 있겠지만 슬라이드와 총열 주변에 윤활유를 적절하게 발라주는 정도로도 1911을 쾌적하게 사용할 수 있다. 이번에는 IDPA 매치와 택티컬 트레이닝에서 500발 정도 사격한 후의 스프링필드 1911을 손질하는 과정을 소개해 볼까 한다.

▲스프링필드의 1911을 기반으로 필자가 커스텀 가공을 한 모델. 손잡이 앞 부분에 20LPI의 체커링 가공을 더하고 탄창 삽입구에 S&A의 매그웰을 장착하였으며 C&S의 이그니션 세트Ignition set, 공이치기, 디스커넥터, 시어 등의 격발 관련 부품들로 구성과 텅스텐제 가이드로드Guide rod. 파이버 옵틱 사이트Fiber optic front sight를 장착하여 IDPA와 USPSA경기에 적합한 커스텀 사양으로 구성되어 있다.

▲가장 먼저 해야 할 것은 총기 안에 탄약이 남아있는가를 확인하는 것이다. 탄약이 없는 것을 확인한 후 복좌 용수철 플러그Recoil spring plug를 누르면서 부싱 렌치를 이용해 배럴 부싱을 시계 방향으로 돌린다. 그러면 복좌 용수철 플러그가 전방으로 나온다.

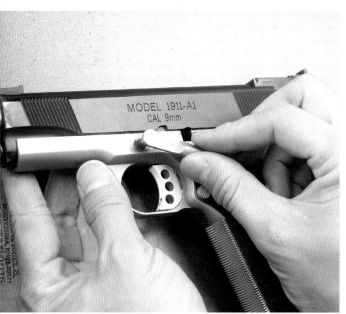

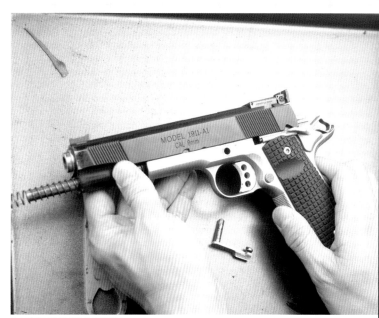

▲슬라이드를 후퇴시킨 후 슬라이드 멈치와 슬라이드의 홈을 맞춰서 슬라이드 멈치를 분해한다.

▲슬라이드가 앞부분으로 빠진다.

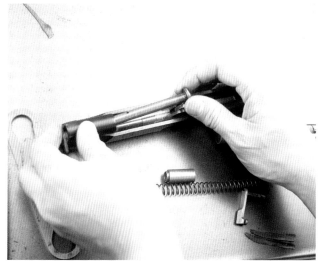

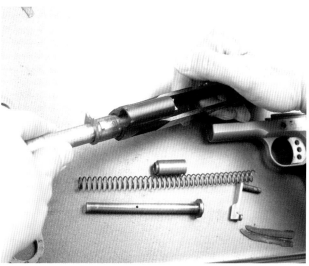

▲복좌 용수철과 플러그, 복좌 용수철 지지대를 분해한다.

▲부싱을 시계 반대방향으로 돌리면 총열과 부싱이 앞쪽으로 분해된다.

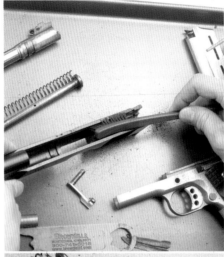

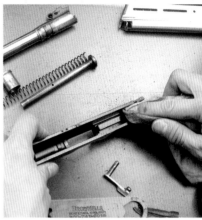
▲천을 사용하여 윤활유와 찌꺼기를 닦아낸다.

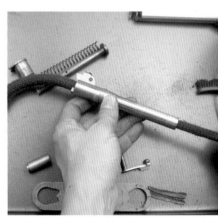

▲500발 정도 쏜 후 1911 내부에 쌓인 탄매(화약 찌꺼기)의 상태. 총열 주변과 총몸 윗부분에 화약 잔여물인 카본이 들러붙어 있는 것을 알 수 있다.

▲WD-40이나 점도가 낮은 윤활유를 브러시에 조금 묻혀서 슬라이드 안쪽과 총몸 윗부분, 총열 뒷부분을 닦아낸다.

▲보어 스네이크Bore-Snake라 불리는 끈 모양의 천으로 총열 안쪽을 닦아준다. 권총의 총열은 고온으로 달아오른 총열 내부에 구리로 된 탄두피갑이 녹아 달라붙는 코퍼 파울링Copper Fouling현상이 그리 쉽게 발생하지 않으며, 발생했다 해도 명중 정확도에는 그리 큰 영향을 끼치지 않는다. 솔벤트를 사용한 손질은 1만발 정도 쐈을 때 정도로 충분하다.

▲천을 사용하여 윤활유와 찌꺼기를 닦아낸다.

완전분해

기본 분해에서 한 단계 더 나아가, 이번에는 1911을 완전 분해하는 과정을 소개하고자 한다.

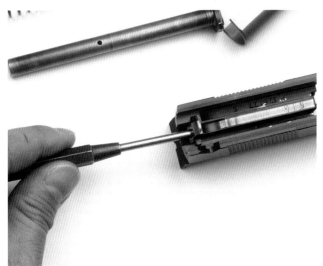

▲핀펀치를 사용하여 공이를 밀어주면서 공이 멈치Firingpin retaining plate. Firingpin stop plate라고도 한다를 풀어준다.

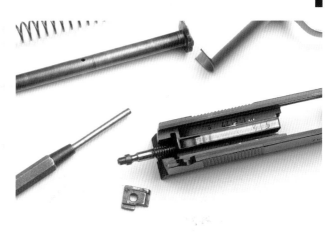

▲공이를 제거한다.

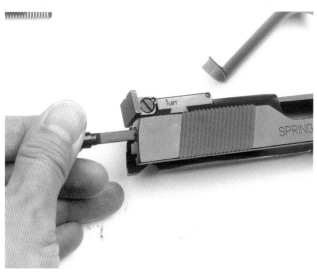

▲갈퀴를 빼낸다.

▲손잡이 덮개 나사를 풀어낸 후 덮개를 벗긴다.

▲오른쪽 안전장치 손잡이를 풀어준다.

▲왼쪽 안전장치 손잡이를 풀어준다.

▲메인 스프링 하우징의 핀을 핀펀치로 밀어낸다.

▲메인 스프링 하우징을 풀어준다.

▲메인 스프링 하우징 안에는 공이치기 스프링과 메인 스프링 덮개. 메인 스프링 하우징 멈치가 메인 스프링 덮개 핀에 의해 고정되어 있다.

▲손잡이 안전장치와 시어 스프링을 빼낸다.

▲시어 핀과 공이치기 핀을 풀어준다.

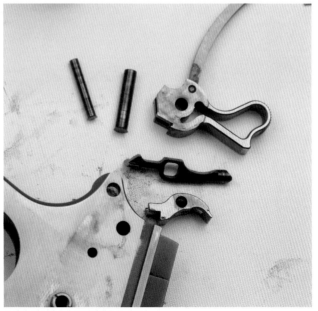

▲시어, 디스커넥터, 공이치기를 풀어준다.

126

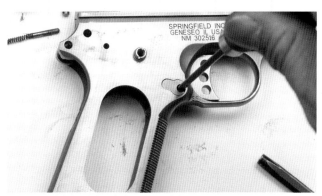

▲스크류 드라이버로 탄창 멈치 잠금을 90도 회전시킨다.

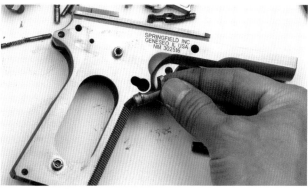

▲탄창 멈치를 풀어준다.

▲탄창 멈치 잠금을 90도 돌려주면, 탄창 멈치 잠금과 탄창 멈치 스프링이 빠져 나온다.

▲방아쇠를 총몸 뒤쪽으로 빼낸다.

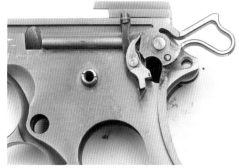

▲C&S 사의 이그니션 파츠 총몸 내부에 이와 같은 형태로 배치되어 있다. 가벼운 공이치기에 티타늄제 공이치기 받침대를 조립하여 공이치기 고정 시간을 단축시켰다.

▲총열을 슬라이드 멈치 위에 올려놓은 상태로 총열 로킹 러그에 물린 다음 폐쇄시킨다. 그러면 슬라이드가 내려가면서 총열링크에 의해 끌어내려지면서 언로킹 상태가 된다.

◀거의 완전히 분해된 1911과 작업에 필요한 공구들. 단순하면서 여러 가지 조정을 할 수 있는 자유도를 가진 멋진 구조로 이루어져 있다. 여기에 다양한 커스텀 가공을 시도할 수 있는 높은 완성도 덕분에 1911은 100년의 세월이 넘도록 사용되는 마스터피스로 존재할 수 있는 것이다.

1911 제조공급 업체 목록

Satoshi Matsuo

1911 계열 권총을 제조·공급하는(또는 했었던) 업체들을 정리해 보았다.

목록 선정의 기준은 자사 브랜드로서 1911을 제조판매, 또는 OEM공급을 받아 1911을 판매하는(또는 했었던) 제조사이거나 딜러, 또는 1911의 총몸을 포함한 부품을 공급하는 업체이다(총몸을 만들지 않는 업체는 제외). 커스텀 총기를 제조하는 커스텀 빌더까지 포함하면 수가 너무 많아지고, 폐업을 하거나 업체명을 변경하는 경우도 많으므로 완전한 목록이라고 보기는 어렵다. 그만큼 1911과 관련된 업체들의 수가 많다는 의미이기도 하다.

American Classic	아메리칸 클래식	필리핀
American Tactical(ATI)	아메리칸 택티컬	미국
AMT	아르카디아 머신 & 툴	미국
Armi Dallera Custom(ADC)	아르미 달레라 커스텀	이탈리아
Armsor	암스코	필리핀
Auto Ordnance	오토 오드넌스	미국
A&R Sales	에이&알 세일즈	미국
Bonifacio Echeverria	보니파시오 에첼베리아(구 스타)	스페인
Briley	브레일리	미국
Brixia	브릭시아	이탈리아
Brolin Arms	브롤린 암즈	미국
Browning	브라우닝	미국
Bunker Arms	벙커 암즈	미국
Cabot Guns	캐봇 건즈	미국
Carolina Arms	캐롤라이나 암즈	미국
Caspian	캐스피언	미국
Charles Daly	챨즈 델리	미국
Chip McCormick Corporation	칩 맥코믹 코퍼레이션(CMC)	미국
Chiappa Firearms	키아파 파이어암즈	이탈리아
Christensen Arms	크리스텐슨 암즈	미국
Cimarron	시말론	미국
Citadel	시타델	필리핀, 암스코의 브랜드
C. O. Arms	시오암즈	미국
Colt	콜트	미국
Crown City Arms	크라운 시티 암즈	미국
Cylinder & Slide	실린더 & 슬라이드	미국
CZ USA	UZ USA	체코 CZ의 미국 법인
Dan Wesson	댄 웨슨	미국
Detonics	디토닉스	미국
Devel Corporation	데벨 코퍼레이션	미국
Diask Arms	다이어스크 암즈	캐나다
Double Star	더블 스타	미국
D&L Sports	디&엘 스포츠	미국
Ed Brown	에드 브라운	미국
EMF Company	EMF 컴퍼니	미국
Esperanza y Unceta	에스페란자 이 시아(구 아스트라)	스페인
Essex Arms	에섹스 암즈	미국
Federal Ordnance	페데럴 오드넌스	미국
Freedom Arms	프리덤 암즈	미국
Fusion Firearms	퓨전 파이어암즈	미국
Gabilondo y Cia SA	가빌론도 이 시아(구 야마)	스페인
Gemini Customs	제미니 커스텀즈	미국
German Sports Guns	저먼 스포츠 건즈	독일
Girsan	거산	터키
Griffon Combat	그리폰 컴뱃	미국
Guncrafter Industries	건크래프터 인더스트리즈	미국
Gunsite Academy	건사이트 아카데미	미국의 훈련 센터
Hero Guns	히어로 건즈	미국
High Standard	하이 스탠더드	미국
Imbel	임벨	브라질
Imperial Defense Service	임페리얼 디펜스 서비스	미국
Infinity Firearms	인피니티 파이어암즈	미국(Strayer Voight, Inc. : SVI)
Inland Manufacturing	아이랜드 매뉴팩츄어링	미국
Interstate Arms Corp.	인터스테이츠 암즈 코어	미국
Interarms	인터암즈	미국
Ithaca Gun Company	이사카 건 컴퍼니	미국 (2차대전 당시 미 정부와 계약, 현재도 신형을 공급)
Iver Johnson	아이버 존슨	미국
Karl Lippard	칼 리퍼드	미국

Kimber	킴버	미국
Kongsbers	콩스베르그	노르웨이 M1914 면허생산
L.A.R. Manufacturing	L.A.R. 매뉴팩츄어링	미국
Les Baer	레스 베어	미국
Lone Star	론 스타	미국
Magnum Research	매그넘 리서치	미국
Maximus Arms	막시무스 암즈	미국
Metro Arms Corporation	메트로 암즈 코퍼레이션	필리핀
Michigan Armament	미시간 아마먼트	미국
Mitchell manufacturing	미첼 매뉴팩츄어링	미국
MP Express	MP 익스프레스	미국
National Ordnance	내셔널 오드넌스	미국
Nighthawk Custom	나이트호크 커스텀	미국
Norinco	노린코	북방공업집단공사, 중국의 병기 제조사
North American Arms Co.Ltd	노스아메리칸암즈	미 정부와 계약, M1911을 약 100정 제작
Nowlin Arms	너울린 암즈	미국
Palmetto State Armory	팔메토 스테이츠 아머리	미국
Para Ordnance/Para USA	파라오드넌스/파라USA	캐나다/미국
Pistol Dynamics	피스톨 다이나믹스	미국
Olympic Arms	올림픽 암즈	미국
Omega Defense	오메가 디펜스	미국
Oriskany Arms	오리스카니 암즈	미국
Peter Stahi	피터 스타히	독일
Randall Firearms Company	랜덜 파이어암즈 컴퍼니	미국
Raeder Custom Guns	래더 커스텀 건즈	미국
Regent Arms	리젠트 암즈	미국
Remington Arms	레밍턴 암즈	미 정부와 계약, M1911A1을 제작
Remington Rand	레밍턴 랜드	미 정부와 계약, M1911을 21,265정 제작
Remington UMC	레밍턴 UMC	미국
Republic Forge	리퍼블릭 포지	미국
Roberts Defense	로버츠 디펜스	미국
Rock Island Armory	락 아일랜드 아머리	미국
Rock River Arms	락 리버 암즈	미국
Safari Arms	사파리 암즈	미국
Salient Arms	샐리언트 암즈	미국
Sarco, Inc.	사르코 Inc	미국 (Steen Armament Research Company)
Savage Arms Company	새비지 암즈 컴퍼니	미 정부와 계약, M1911 제작 등을 진행
Schroeder Bauman	슈레이더 바우먼	미국
Shooters Arms Manufacturing(SAM)	슈터스암즈 매뉴팩츄어링	필리핀 Century Arms가 공급
Sig Sauer	SIG 자우어	미국/독일
Singer	싱어	미 정부와 계약, M1911A1을 제작
Sistema	시스테마	아르헨티나 (D. G. F. M-F. M. A. P) M1927 면허생산
Smith & Wesson	스미스&웨슨	미국
South Fork Arms/Perkins Custom	사우스포크 암즈	멕시코
Springfield Armory	스프링필드 아머리	미 정부 조병창. M1911을 약 50,000정 제작
Springfield Armory	스프링필드 아머리	미국 (위의 조병창의 명칭사용권을 구매한 업체)
STI International	STI인터	
내셔널	미국	
Sturm, Ruger & Co.	스텀 루거 앤드 컴퍼니	미국
Tanfoglio	탕포리오	이탈리아
Taurus International	토러스 인터	
내셔널	브라질/미국	
Taylor & Company	테일러&컴퍼니	미국
TISAS	타이서스	터키
Turnbull Restraction & Manufacturing	턴불 리스트럭션&매뉴팩츄어링	미국
Ultimate Arms(UA Arms)	얼티메이트 암즈	미국(Uselton Arms)
Unetil Ordnance	유너틀 오드넌스	Unertl Optic Company의 사명 변경?
Union Switch & Signal	유니온 스위치&시그널	미국정부와 계약, M1911A1을 제작
USFA(United States Fire Arms)	USFA	미국
Valto Stocchetta	발토 스토체타	이탈리아
Vega	베가	미국
Victory Arms	빅토리 암즈	미국
Volkman Precision	볼크만 프리시전	미국
Walther Arms/Umarex	발터 암즈/우마렉스	독일
Wilson Combat	윌슨 컴뱃	미국
Zenith Firearms	제니스 파이어암즈	미국

매그나 블로우백 M1911 시리즈
~ L.A.VICKERS CUSTOM REAL STEEL VERSION ~

TEXT : 게노 부스카毛野ブースカ

가스 블로우백 건의 상식을 넘어선 리얼리티와 반동

1992년에 탄생한 웨스턴암즈의 매그나MAGNA 블로우백 시스템을 탑재한 가스 블로우백 건의 제2탄으로 1994년 8월에 등장한 웨스턴암즈 M1911 시리즈는 현재도 웨스턴암즈의 주력 상품으로 판매되고 있다. '거버먼트(1911)'라는 총은 웨스턴암즈라는 회사를 논함에 있어서 절대로 빼놓을 수 없는 그런 존재이다.

일본 최초의 권총 전문가이자 IPSC의 창립멤버 중 유일한 일본인이기도 한 웨스턴암즈의 대표 구니모토 게이이치国元圭— 사장은 1970년대 중반, 커스텀 거버먼트의 여명기에 이름을 떨쳤던 건스미스 짐 호그의 손으로 커스터마이즈된 콜트 내셔널매치를 손에 넣는가 하면 제프 쿠퍼와 레이 채프먼 등 미국 IPSC계에 큰 발자취를 남긴 전설 중의 전설들과 함께 미국에서 실전적인 실탄사격을 연마했다.

이후 웨스턴암즈에서 거버먼트의 모델건과 슬라이드 고정식 가스건 등이 출시된 것은 분명 구니모토씨의 거버먼트에 대한 철학이 반영된 것이라 할 수 있을 것이다.

그리고 1994년, 드디어 매그나 블로우백 시스템을 탑재한 거버먼트 모델이 발매되었다.

1994년 8월에 등장한 콜트 마크 IV 시리즈 '80은 당시 모델건 시장에 제1탄이었던 베레타 M92FS 이상의 충격을 안겨주었다. 당시 거버먼트의 에어소프트건이라 하면 슬라이드 고정식 가스건이나 에어코킹식 모델이 전부였고 모두 실제 1911의 리얼리티를 재현했다고 보기엔 어려운 제품들이었다.

그런 와중에 등장하여 리얼한 디테일과 박력 있는 블로우백 액션, 높은 명중률을 보여준 매그나 블로우백 거버먼트는 그야말로 다른 세상에서 온 에어건이라 해도 과언이 아니었다. 매그나 블로우백 시리즈의 제1탄은 베레타 M92FS였지만 실제로는 거버먼트야말로 매그나 블로우백 시스템의 진가를 발휘한 모델이었으며 구니모토씨가 추구하는 에어건으로서의 궁극의 거버먼트를 재현하기 위해서 매그나 블로우백 시스템이 개발되었다고 해도 과언은 아니었다.

발매 당시부터 블로우백 액션과 반동은 물론 실제로 손에 들었을 때의 중량감, 디테일의 재현성, 표면 처리, 여기에 방아쇠를 당기는 느낌에 이르기까지 실총의 1911이 가진 감성을 그

대로 재현하는데 철저하게 집중한 웨스턴암즈의 M1911 시리즈. 시리즈 '80을 시작으로 총을 비스듬하게 눕혀서 쏘더라도 가스가 새어나오지 않는 N.L.S.가 탑재된 확장형 탄창이 포함된 윌슨 슈퍼 그레이드, 모듈러 섀시를 채용한 하이캐퍼시티 모델, R타입 탄창과 신형 섀시, 보어업 실린더를 탑재한 퍼펙트 모델, 그리고 S.C.W. 하이스펙 Ver.3/ 트랜스퍼 해머 Ver.3/ 신형 시어와 디스커넥터 / G.C.시스템 Ver.2를

탑재한 최신 모델에 이르기까지 기본적인 구조의 변경 없이 계속해서 제품을 갱신해 나아가고 있다.

물론 제품 파생형도 다양하게 확장하여 가장 기본이 되는 베이직 모델부터 커스텀 모델, 영화나 드라마에 등장하는 소품용 프롭건에 이르기까지 다양한 거버먼트 모델이 재현되고 있다. 또한 최근에는 카본블랙 헤비웨이트 수지의 특성을 살려 전투 손상이나 빈티지 느낌

DATA	
전장: 220mm	중량: 1,055g
전고: 148mm	장탄수: 23발
전폭: 38mm	가격: 41,040엔
문의 : WA 시부야점	
TEL : +81-3-3407-5922	

을 내는 등, 리얼한 표면 처리에도 충실히 대응하고 있다.

수많은 베리에이션 중에서 이번에 소개하고자 하는 모델은 'L. A. 비커스 커스텀 리얼 스틸 버전'으로, 미 육군 특수부대 델타포스 출신이며 총기 전문가로 활약했던 래리 비커스 씨가 현역 시절에 직접 제작했던 커스텀 거버먼트를 재현한 모델이다.

웨스턴암즈는 이 비커스 커스텀을 충실하게 재현하여, 슬라이드와 총몸에는 카본블랙 헤비 웨이트 수지와 전용 검은색 도료를 이용하였으며 전임 모델건 건스미스가 모든 부품을 섬세하게 웨더링 처리했다. 검게 빛나는 표면을 보고 있으면 이 총의 재질이 플라스틱 수지라고는 도저히 생각하기 어려울 것이다.

손에 들었을 때의 중량감과 감촉, 슬라이드를 움직였을 때와 방아쇠를 당겼을 때의 감촉, 마지막으로 블로우백의 느낌은 그야말로 타의

추종을 불허하는 것이다.

구니모토 씨의 철학이 반영된 웨스턴암즈의 M1911 시리즈를 뛰어넘는 M1911의 모델건은 당분간 등장하지 못할 것이다.

131

DETAIL

▲은색 마감된 외부 총열과 배럴 부싱의 조화. 슬라이드 앞부분엔 톱니요철이 추가되어 있다.

▲슬라이드 왼쪽에는 실총과 동일하게 스프링필드 M1911A1 각인이 새겨져 있으며 표면은 전용 검은색 도료로 처리되었다.

▲총몸 오른쪽의 먼지덮개 부분에는 비커스 커스텀의 증표인 'L.A. VICKERS CUSTOM' 각인이 새겨져 있다.

▲실제 1911에 사용되는 바스토Bar-Sto 부품을 상징하는 바스토 각인이 새겨진 약실 덮개. 슬라이드 후퇴 시 총열이 아래로 움직이는 모습은 모델건이라 생각하기 어려운 수준이다. 탄피배출구의 형태도 충실하게 재현되어 있다.

▶공이와 약실 후면의 형태를 묘사한 뒷모습. 실제 총기와 마찬가지로 섬세한 요철 가공이 가해져 있다.

◀현재의 모델건에서는 이제 흔한 모습이지만 매그나 블로우백 시리즈가 처음 등장할 때만 하더라도 탄피 배출구 안쪽이 실총처럼 비어있는 모습은 그야말로 충격이었다.

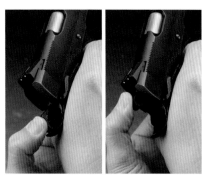

▲트랜스퍼 해머 Ver.3의 채용으로 공이치기를 뒤로 젖혀 놓더라도 가스가 새어나오지 않는다. 이것이 가능한 가스 블로우백 건은 웨스턴암즈의 M1911 시리즈 뿐이다.

▲다이아몬드 체커링 사양의 헤비메탈제 손잡이 덮개. 메인스프링 하우징 일체형 매그웰의 형태가 재현되어 있다.

▲카본블랙 헤비웨이트 수지와 헤비메탈 소재 손잡이의 사용으로 중량은 1kg이 넘는 수준. 저울의 숫자가 '1,045g'으로 콜트의 45가 나타난 것은 우연의 일치라고 해야 할지도?

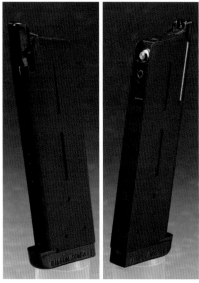

▲윌슨 컴벳의 베이스패드가 탑재된 탄창. 장탄수의 경우 처음에는 10발이었지만 이후 15발로 증가되었으며 현재는 21발, 23발, 24발의 3종류(기본 사이즈)가 만들어지고 있다.

▲매그나 블로우백 시스템이 만들어내는 반동과 스피드 감은 많은 경쟁사들을 긴장하게 했다.

MECHANISM

◀기본분해를 마친 모습. 실총과 같은 부품 구성이다. 복좌 스프링 가이드에는 버퍼가 내장되어 있다.

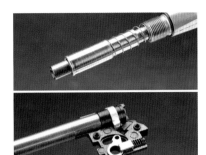

▲슬라이드 후퇴 시 총열을 작동하게 하는 총열 스프링과 총열 링크가 내장되어 있다. 이 설계로 리얼하면서도 매끄러운 쇼트 리코일 액션이 완성된다. 홉업은 고정식을 채용.

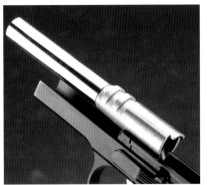

▲총열 뭉치를 총몸에 장착한 모습. 약실 뒷부분에 있는 급탄 경사로Feeding ramp까지 재현되어 있다.

▲슬라이드 내부에는 실총과 마찬가지로 약실과 연동되는 구조가 재현되어 있다.

◀슬라이드 뒷부분에는 블로우백 액션을 만들어내는 매그나 블로우백 S.C.W. 하이스펙 Ver.3가 내장되어 있다.

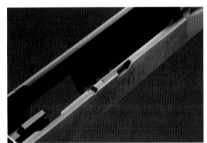

▲슬라이드 왼쪽의 노치 부분에 슬라이드 멈치 판과 부속이 구성되어 있어서 실총과 같은 슬라이드 개방 기능을 재현한다.

▲총몸 뒷부분 공이치기 주변의 모습. 뒤에서 봤을 때 오른쪽에 있는 것이 디스커넥터이며 총몸 왼쪽에는 노커 록이 자리 잡고 있는 것을 볼 수 있다.

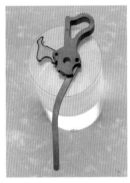

◀노커가 공이치기에 물려있는 것이 특징인 트랜스퍼 해머 Ver.3. 손가락으로 공이치기를 젖혔을 때에만 노커를 해제하도록 되어 있다.

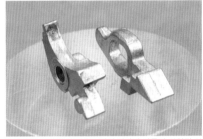

▲확실한 동작에 깔끔한 느낌의 방아쇠 작동이 실현된 신형 시어와 디스커넥터. 세세한 곳에서도 느껴지는 장인정신은 모델건의 영역을 넘어섰다는 느낌이다.

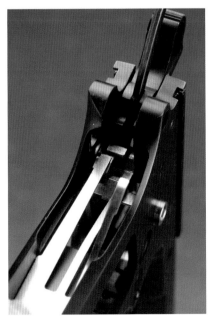

▲실총을 방불케 하는 리얼리티와 모델건으로서의 기능성이 절묘하게 융합되어 있다고 할 수 있는 공이치기, 시어, 디스커넥터, 시어스프링 부분.

▲완전히 분해한 모습. 사진은 시리즈 '70이지만 외장 부품 이외에는 분해 방법, 내부 부품 등이 모두 시리즈 공통으로 구성되어 있다. 실총보다 부품수가 많으며 교묘할 정도로 치밀하게 설계되었음을 알 수 있다.

웨스턴 암즈
매그나 블로우백 1911
베리에이션 리스트

웨스턴암즈가 매그나 블로우백 시스템을 탑재한 콜트 거버먼트를 발매한 것이 1994년 10월, 그로부터 20여 년 동안 개량과 발전을 거듭하며 1911 시리즈를 전개해 왔다. 이 리스트는 2010년 말 이후 현재까지 제품화된 웨스턴 암즈의 1911 시리즈(잡지에 소개된 제품을 기준으로 정리하였으므로 실제 제품과는 차이가 있을 수 있다)이다. 이처럼 많은 종류를 제품화할 수 있을 정도로 1911은 매력적인 제품이다. 만약 최초의 제품이 나온 1994년까지 모두 정리한다면 그야말로 엄청난 수의 제품을 확인할 수 있을 것이다.

콜트 M1911 얼리 블루스틸 커스텀
콜트 M1911 브리티쉬 서비스 피스톨
콜트 M1911 셔테리
콜트 M1911 100주년 기념 모델
콜트 M1911 코머셜 밀링 커스텀
얼티메이트 콜렉션 콜트 M1911 U.S. ARMY
콜트 M1911 존 델린져 리얼스틸
콜트 M1911 스티븐즈 모델
콜트 M1911 와일드 번치
WA 40th/얼티메이트 콜렉션 콜트 M1911A1
콜트 M1911A1
M1911 "이사카"
M1911 "싱어"
얼티메이트 콜렉션 콜트 컴뱃 커맨더
콜트 M1911슈퍼 .38
콜트 MkIV 시리즈 '70
콜트 MkIV 시리즈 '70 매트크롬&크롬실버
콜트 MkIV 시리즈 '70 블랙크롬
WA 40th/얼티메이트 콜렉션 콜트 MkIV 시리즈 '70
콜트 MkIV 시리즈 '70 9mm 루거
콜트 MkIV 시리즈 '70 스웬슨 커스텀
콜트 골드컵 내셔널매치
콜트 컴뱃 커맨더 킹즈 커스텀
콜트 컴뱃 커맨더 러브레스 커스텀
콜트 MkIV 시리즈 '80 블랙크롬 DX 에디션
콜트 델타 엘리트
콜트 컴뱃 엘리트
콜트 뉴 에이전트
콜트 디펜더 실버
콜트 레일건
콜트XSE 거버먼트 카본블랙 헤비웨이트
콜트 NEW 디펜더
콜트 NEW 골드컵 내셔널매치
콜트 오피서즈 ACP 킹즈 커스텀
콜트 거버먼트 프레임 실버 커스텀
콜트 건사이트 피스톨
콜트 레일건 건사이트Ver.
콜트 38슈퍼 "엘 배트론"
콜트 M45A1 CQB피스톨
M45A1 CQB 피스톨 헤비웨이트
콜트 컴뱃 커맨더 레일건
시스테마 콜트 모데로 1927
스프링필드 아머리 M1911
스프링필드 아머리 NRA 캠프 베리
윌슨 컴뱃 택티컬 슈퍼 그레이드 Ver.매그풀
윌슨 컴뱃 프로페셔널 라이트 레일
윌슨 마스터그레이드
윌슨 컴뱃 프로페셔널 2톤
윌슨 컴뱃 CQB 엘리트
윌슨 컴뱃 센티널

윌슨 컴뱃 프로페셔널 라이트웨이트
윌슨 컴뱃 "슈퍼 그레이드" 얼리 Ver.
윌슨 컴뱃 프로페셔널 밥테일
윌슨 컴뱃 해커슨 스페셜
윌슨 컴뱃 택티컬 슈퍼 그레이드 컴팩트 얼티메이트 컬렉션
윌슨 컴뱃 프로텍터
스프링필드 아머리 V10 울트라 컴팩트
스프링필드 아머리 TRP 오퍼레이터
SFA V10 울트라 컴팩트
V16 로디드 타겟 롱 슬라이드
V10 울트라 컴팩트 실버
V10 울트라 컴팩트 브라질
SFA 로디드 MC 오퍼레이터
로디드 챔피언 오퍼레이터
LA 비커스 커스텀 얼리
LA 비커스 커스텀
SFA 레인지 오피서 컴팩트
SFA V10 울트라 컴팩트 블랙
TRP 오퍼레이터 웨폰 라이트 모델
SFA V10 울트라 컴팩트 실버
로디드 챔피언 오퍼레이터
로디드 라이트레일
킴버 울트라 CDP II
킴버 디저트 워리어 캐리 멜트다운
킴버 SIS 프로
킴버 택티컬 커스텀
킴버 MARSOC
킴버 커스텀 CDP II
울트라 TLE II
커스텀 TLE II
LAPD SWAT 커스텀 II 카본블랙HW
데저트 워리어 캐리 멜트 트리트먼트
워리어 이글 에디션
킴버 이클립스 울트라 II
킴버 스테인리스 랩터 II
킴버 MARSOC 배틀 데미지 Ver.
킴버 랩터 II
킴버 울트라 랩터 II
킴버 SIS 울트라
킴버 이클립스 커스텀 II
킴버 골드 컴팩트 II
킴버 LAPD SWAT 커스텀 II NEW 배틀 데미지
커스텀 TLE / RL II (TFS) 웨폰 라이트 모델
SV인피니티 IED 5.0 이글 에디션
SV인피니티4.3 스플래쉬 핑크
SV인피니티 5.0 엑셀러레이터 스플래쉬 화이트
SV인피니티 풀오토 5.0
SV인피니티 리미티드 건 5.0
SV인피니티 3.9
SV인피니티 5.0&6.0

SV인피니티 엑셀레이터 5.0&6.0	레온 1911 마틸다 컴프
SV인피니티 풀오토 5.0	바이오하자드 1911
SV인피니티 Tiki 하이브리드 블랙 Ver.	콜트 컴뱃 마스터 Nico 건블루
SVI 스피드 마스터 HG Mark II Ver.세렌디비티	콜트 M1911A1 "라스트맨 스탠딩"
SVI 스피드컴프 HG Mark II Ver.세렌디비티	M1911A1 노린코 "From Dusk Till Dawn"
SVI 배틀러 모델	리터너 "미야모토 Spl."
파라오디넌스 P14.45 컴뱃캐리	라이백 1911
나이트호크 커스텀 코스타 리콘	AMT 하드볼러 T1
나이트호크 팰콘 커맨더	콜트 M1911A1 "헌터" 빈티지 에디션
나이트호크 커스텀 "코스타 컴팩트"	SV인피니티 "마이애미 Tiki"
나이트호크 프레데터	골드컴뱃 II "익스펜더블 II"
나이트호크 커스텀 T4	콜트 M1911A1 "빅건" 리얼스틸 피니쉬
나이트호크 탤론IV	콜트 M1911A1 "겟어웨이" 빈티지 에디션
나이트호크 T3 컴프 올실버	콜트 마크IV 시리즈'70 "헌터" 빈티지 에디션
레스베어 HRT 스페셜	콜트 커맨더 "가르시아"
레스베어 모노리스	하드볼러 "히트맨"
레스베어 에머슨 CQC-45	콜트 MkIV 시리즈'70 "하드 투 킬"
에드 브라운 셰프 쿠퍼 Commemorative	콜트M1991A1 컴팩트 "히트" 리얼 스틸
스미스&웨슨 SW1911 DK	콜트 M1911 "보니&클라이드" 빈티지 에디션
시캠프 커스텀 K사이트 버전 DX	와일드 호크 05Ver.
콜트 컴뱃 커맨더 시캠프 커스텀	T2 "사라코너 커스텀"
콜트 골드컵 내셔널매치 시캠프6인치 커스텀	콜트M1911 U.S.네이비 "밀링 커스텀"
러브레스 커스텀 K사이트 Ver.	콜트 M1911A1 "프라이빗 라이언" 배틀 데미지
셰프 쿠퍼 커스텀	DENGEKI(전격) 1911 "리얼 스틸"
스탈 루거 SR1911 CMD	거버먼트 T2 "리얼 스틸."
스탈 루거 SR1911	콜트 M1911 "GI 조 / 패튼 커스텀"
SIG1911 트래디셔널 TACOPS & 컴팩트	콜트 M1911A1 "지옥의 묵시록 / 킬고어 모델"
SIG1911 블랙워터	파라 오디넌스 GI 익스퍼트 "RED"
SIG1911 블랙워터 배틀 데미지	레밍턴랜드 M1911A1 "윈드토커즈"
SIG1911 캐시 스콜피온 웨폰 라이트	콜트 M1991A1 Ver.RONIN
STI택티컬 5.0 코스타 Ver.	블랙호크다운1911 배틀 데미지
STI택티컬 3.0	콜트M1911A1 펄하버
STI택티컬 4.0 비커스 버전	SEVEN 밀즈 커스텀
STI택티컬 4.0 코스타 Ver.	신시티 1911
10-8 퍼포먼스 오퍼레이터	와일드호크 Ver.SARABA
10-8 퍼포먼스 1911	콜트 M1911 "겟어웨이" 빈티지 에디션
호그 골드컵 내셔널매치 6인치 커스텀	코브라1911 로열 블루 Ver.
호그 골드컵 내셔널매치 5인치	콜트M1911A1 펄하버 Ver.
호그N.M. 컴뱃 커스텀 K.K 스페셜 Ver. II	페이스오프 1911 DX 에디션
호그 K.K 스페셜 DX 에디션	골드컴뱃 II 익스펜더블
콩스베르그 M1914 리얼스틸	하드볼러 T1 터미네이터 모델
MEU 피스톨 레이트모델 배틀 데미지 버전	택티컬 커스텀 II 도쿄 독스 1911
MEU 피스톨 얼리&미드 모델 배틀 데미지	록아일랜드 아머리 스타스키 모델
노스아메리칸 암즈 M1911	골드컵 내셔널매치 독 커스텀
데저트 이글 1911G	골드컵 내셔널매치 커스텀 MAGGY
SAI 1911 커맨더 렝스	골드컵 N.M.커스텀 MAGGY "매기"
SAI 하이캐퍼시티 닷사이트&아이언사이트 모델	내슈컴프 Ver.2012
대시 커스텀 스테인리스 컴프 실버	스미스 & 웨슨 SW1911 BOSS
컴팩트 커스텀 GMI	SV 인피니티 6.0 카우보이비밥 빈센트 모델
컴팩트 커스텀 CCI	거버먼트 "비탄의 아리아" 모델 블랙 버전
LB 오퍼레이터 닷사이트 모델	거버먼트 "비탄의 아리아" 모델 실버 버전
밥 쵸우 스페셜 Ver.1.5 빈티지 에디션	거버먼트 "청의 엑소시스트" 모델
택티컬 풀오토 1911	거버먼트 "엘 카사드" 나디 모델
델타포스 커스텀 배틀 데미지	인벨M1911 카본블랙 HW
미라 커스텀 코스타	SV 인피니티 6.0 "카우보이 비밥 / 빈센트 모델"
WA 풀오토 하이캡	거버먼트 "비탄의 아리아 AA" 모델 실버 & 블랙
스네이크 리미티드 하이캡	스트라이크 위치즈 섀리 모델
하드볼러 Ver. GTA	MEU 피스톨 a.k.a. 게베어 모델
SV인피니티 5.0 "스네이크 리미티드"	세타가야 베이스 모델 1056 컴뱃 커맨더
스네이크 오퍼레이터	세타가야 베이스 모델 1056 미니 거버먼트
콜트 M1911A1 머스탱&샐리 Ver.CoD	세타가야 베이스 모델 미니 거버먼트 올 실버
스네이크 매치 1911	세타가야 베이스 모델 인터셉터 I
퍼니셔 1911	세타가야 베이스 모델 인터셉터 II
스트리트 킹즈 1911	세타가야 베이스 모델 하드볼러 "가드레스 모델"
아웃레이지 1911	세타가야 베이스 모델 1056 밴트라인 스페셜
호그 6인치 커스텀 더 크래커	

KOBA GM-7.5 SERIES
~ COLT MARK IV SEREIS 70 ~

TEXT : 게노 부스카

사격을 즐기는 발화식 모델건의 마스터 피스

80세를 넘긴 지금도 여전히 현역인 다니오 코바의 사장인 고바야시 다이조小林太三 씨. 그는 50년 이상 계속해서 모형총을 설계해오고 있어, 그야말로 일본 모형총기업계의 전설이라 할 수 있다. 고바야시 씨와 거버먼트라 하면 MGC 시절에 설계한 GM 시리즈를 빼놓을 수 없을 것이다. 특히 1981년에 등장한 모델건 GM5는 지금도 모델건 마니아들 사이에서 높이 평가되고 있다.

고바야시 씨가 만들어낸 모델건과 가스건의 특징을 말하자면 "형태나 구조의 리얼리티는 적당한 수준으로, 장난감으로서의 성능과 즐거움이 "우선. 쏘면서 가지고 놀기 좋고 잘 망가지지는 않는 모형총"이라 할 수 있지 않을까. 그것이야 말로 GM 시리즈 뿐 아니라 고바야시 씨가 설계에 손을 댄 MGC제품 전체에 흐르는 공통점일 것이다. 현재에 비한다면 실제 총기의 취재나 정보에 어려움이 많았던 시대에 실총을 충실히 재현한다는 것도 쉬운 일은 아니었기에 차선책으로 그러한 길을 선택한 것도 어느 정도는 사실일 것이다. 하지만 만약 모형총이 리얼한 외관 만을 추구했다면 MGC라는 회사가 그와 같은 실적을 남길 수는 없었을 것이다. 고바야시 씨는 블로우백 모델이 없었던 시대에 방아쇠를 당기는 것 만으로 슬라이드를 후퇴시키고 카트리지를 배출시키는 유사 블로우백 설계(통칭 다니오 액션)을 시작으로 오픈 디토네이터식 블로우백, 슬라이드 고정 가스건(M93R), 그리고 애프터슈트식 가스 블로우백 건(G17) 등 '액션'에 집중한 설계를 다수 고안해냈으며 큰 성공을 거두었다.

그가 설계한 GM 시리즈는 금속제 GM1, 최초의 ABS수지제 스트레이트 블로우백 사양의 GM2, 해외사양인 금속제 GM3, GM2를 기반으로 골드컵 내셔널매치 모델로 만든 GM4, CP탄창식과 쇼트 리코일을 채용하고 리얼 메카 / 리얼 사이즈를 구현한 GM5, 그리고 매우 독특한 HARET 싱글 액션을 채용한 슬라이드 고정식 가스건 GM6까지 이어진다. GM6 이후에도 MGC에서는 GM 시리즈를 계속해서 내놓았지만 고바야시 씨의 GM 시리즈는 그가 MGC에서 은퇴하면서 막을 내리게 된다.

고바야시 씨는 MGC로부터 독립 후 다니오 코바를 설립하여 타사의 제품개발에도 참가하는 등 많은 활동을 전개했으며 이러한 제품들은 대부분 가스건으로, 자사 브랜드로도 가스 블로우백 건인 USP와 VP-70, 10/22 가빈 등을 출시했다.

그런 고바야시씨가 2009년 1월 MGC 시절부터 이어져온 GM 시리즈의 명칭을 계승한 발화식 모델건 GM-7을 출시했다. 도쿄 마루이의 가스 블로우백 건 M1911A1 시리즈의 슬라이드와 총몸을 기반으로 모델건 전용 이너섀시와 브리치를 개발(가스건과의 공용은 불가능), 내열 O링을 이용한 익스텐디드 오픈 디토네이터식을 채용하여 GM2에서 성공하지 못했던 수지제 카트리지를 비정질 플라스틱 수지를 이용하여 부활시켰다. GM-7은 CP카트리지 방식과는 확연히 다른 경쾌한 느낌의 블로우백과 다루기 쉬운 점을 주목받아 짧은 시간 안에 큰 인기를 모았다.

경쾌하게 발화시키는 오픈 디토네이터 방식과

DATA	
전장: 219mm	중량: 645g
전고: 138mm	장탄수: 7발
전폭: 35mm	가격: 32,184엔

문의 : 다니오 코바
TEL : +81-48-352-5046

수지제 카트리지를 만들어냈지만 고바야시 씨는 거기에 만족하지 않았다. 이번에는 CP카트리지식의 개량에 착수하여 기존에는 놋쇠를 사용한 헤드 부분을 쓰고 버릴 수 있는 수지제 피스톤컵으로 설계한 EASY-CP 카트리지와 전용 디토네이터를 개발한 것이다. 이것은 오픈 디토네이터 방식과 CP 카트리지식의 복합적인 방식으로, 이를 통해 발화식 모델건이라는 장르를 개척해낸 고바야시씨 자신이 모델건의

역사를 바꾸었다고도 말할 수 있을 것이다.
이 EASY-CP 카트리지를 기반으로 탄생한 것이 콜트 마크 IV 시리즈 '70을 대표하는 고정식 조준기 사양의 GM-7.5이다. GM-7은 스프링필드와 킴버 등의 현대적인 모델이 중심으로, 시리즈 '70과 같은 정통파를 재현한 모델이라고는 볼 수 없었다.
과거의 GM2와 GM5를 방불케 하는 GM-7.5는 고바야시 씨가 설계한 GM 시리즈 본연의 모습

이라고 해도 과언이 아닌, 그야말로 GM 시리즈의 왕도라 할 수 있는 모델이다.
GM-7 이래 리얼함에도 공을 들이는 듯한 고바야시 씨의 GM시리즈이지만 무엇보다도 "우선. 쏘면서 가지고 놀기 좋고 잘 망가지지는 않는 모형총"이야말로 GM-7의 최대의 특징이자 매력이라고 할 수 있다. 앞으로 고바야시 씨의 손을 통해 어떠한 진화를 하게 될지 기대된다.

137

DETAIL

▲배럴 부싱과 완충 스프링 플러그 등 총구 부분의 모습은 정통있는 1911의 특징을 살린 심플한 부품 구성을 보여준다.

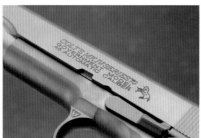

▲일반적인 스몰 각인을 재현한 슬라이드 왼쪽 모습. 표면은 헤비웨이트 수지의 질감을 살려 자연스럽게 마감 처리.

▲기본적으로 GM-7.5는 현행 모델을 재현한 GM-7의 총몸을 기반으로 하고 있으나, 고전적인 1911을 재현하고 있기에 방아쇠울 아랫부분의 형태 등이 변경되었다.

▲콜트의 메달리온 사양 수지제 풀체커링 손잡이 덮개를 장착했다. 실제 사이즈의 손잡이 덮개에도 호환되는 설계이다.

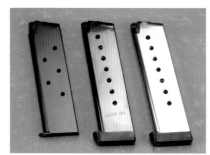

▲다니오 코바의 GM-7 / GM-7.5용 탄창들. 사진 오른쪽에서부터 GM-7.5에 표준 탑재된 장탄수 7발 철제 탄창과 장탄수 8발인 철제 탄창(에이트 매거진), 그리고 장탄수 8발 짜리 스테인리스제 탄창

▲총열은 수지제이지만 약실 덮개에는 금속제 부품을 사용하여 리얼한 느낌을 잘 살리고 있다.

▲시리즈 '70의 특징 가운데 하나인 슈퍼 해머(대형 공이치기)와 안전장치. 손잡이 안전장치 등의 부품은 블루잉Blueing 처리가 적용되어 있다.

▲정식 가늠자는 슬라이드와 일체성형. 오른쪽의 갈퀴 부품은 몰드로 재현되어 있다.

◀슬라이드와 총몸의 형태는 도쿄 마루이의 가스 블로우백 건 M1911A1 시리즈(사진 오른쪽)을 기본으로 설계되어 있으며 그 덕분에 일부 부품이 호환된다.

▶사진 오른쪽이 GM-7, 왼쪽이 GM-7.5. 각 부품은 호환된다. GM-7은 많은 파생형이 출시되었는데 사진의 모델은 타니오 코바의 오리지널 각인이 새겨진 모델이다.

▲GM-7.5에 채택된 폴리머제 EASY-CP 카트리지를 사용하여 발화시킨 모습. 발화 성능도 우수하며 불발이나 걸림 등의 문제가 일어나는 경우도 적다. 폴리머로 만들어진 카트리지의 배출이 무척이나 호쾌하다.

MECHANISM

▲기본분해한 상태의 모습. 분해가 간단하다. 정비가 쉬운 것도 모델건에 있어 중요한 점이다.

▲발화식 모델건으로서 최고의 내구성과 정비효율을 보여주는 비정질 폴리머 소재의 총열.

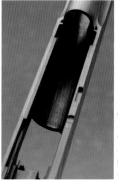

◀총열은 쇼트 리코일을 위한 형태로 설계되어 있지만 슬라이드 내부는 실총과 다르게 총열과 연동되는 부분이 삭제된 형태를 띄고 있다. 모델건으로서의 작동성을 중시한 선택.

▲모델건 전용으로 설계된 이너 섀시. 도쿄 마루이의 M1911A1을 기반으로 하여 차개 부품은 뒤에서 볼 때 오른쪽에 배치되어 있다.

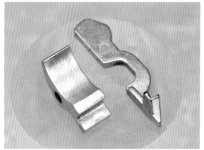

▲도쿄 마루이의 M1911A1을 기반으로 하고 있기 때문에 실총과는 전혀 다른 형태를 하고 있는 시어와 차개. 공이치기와 마찬가지로 작동성을 중시한 설계이다.

▲버퍼가 앞뒤에 내장된 복좌 스프링 가이드. 반동의 충격을 받아내며 슬라이드를 신속히 복구시키는 기능을 한다.

▲GM-7.5에는 EASY-CP 카트리지 전용의 디토네이터가 채택되어 있다. EASY-CP 카트리지는 디토네이터와 7mm 캡 화약 사이에 수지제 피스톤캡이 있어서 발화 시에는 기존의 CP 카트리지 방식과 달리, 디토네이터가 직접 화약에 접촉된다.

▲GM-7에 채용된 익스텐디드 오픈 디토네이터. 내열 고무를 이용한 디토네이터 헤드가 특징이다. CP카트리지 방식이 사용하던 이너 피스톤의 역할을 기밀성을 중시한 고무제 헤드가 대신한다. 현재 판매되는 제품에는 더블헤드 방식이 사용되고 있다.

▲GM-7을 완전히 분해한 모습. 외부 부품은 물론 내부 부품도 GM-7.5와 호환되며 분해방법도 같다.

▲폴리머 이지CP 카트리지. 피스톤캡이 날아가지 않도록 황동제 헤드 이너가 끼워져 있다. 헤드, 이너, 카트리지의 20발 세트가 2,700엔.

▲하드알루마이트 EASY-CP 카트리지. 가벼운 알루미늄 카트리지로 폴리머제 카트리지에 사용된 것과 같은 디토네이터와 피스톤캡을 사용한다. 8발 세트가 2,851엔.

▲익스텐디드 오픈 디토네이터에 적용되는 비정질 나일론 수지제 오픈 카트리지의 초기형. 유감스럽게도 현재는 절판된 제품이다.

▲오픈 하드 알루마이트 카트리지. 오픈 카트리지 전용 디토네이터가 필요한 제품으로 8발 세트가 2,160엔이다.

▲일반적인 CP카트리지식 피스톤 헤드를 채용한 헥사곤 CP 하드알루마이트 카트리지. CP카트리지 전용 디토네이터가 필요하며 8발 세트가 2,851엔.

ELAN 1911
MODELGUN
GOVERNMENT ★ MODEL ★ COLT AUTOMATIC CALIBER .45
ELAN
콜트 거버먼트 Pre.70
DUO 카트 블로우백
가격: 203,040엔
문의 : 주식회사 엘란
〒111-0032
도쿄도 다이토구 아사쿠사 6-40-11
tel : +81-3-3875-9661
e-mail : elan@qd5.so-net.ne.jp

▲ 콜트 골드컵 DUO 카
트리지 블로우백

▲ 골드컵 모델의 방아쇠 뭉치의 구성. 시
어 디프레서 등 실제 골드컵 매치 1911의
방아쇠 뭉치를 그대로 재현하고 있다.

▲ 실제 총기의 방아쇠 뭉치와 같은 구성
으로 설계되어 있다.

▲ 이것이 더블캡의 DUO 카트리지이다. 단순하지만 놀라울 정도로 박력 있는 반동과 소
리, 화염을 만들어낸다.

일본에서 모델건이 만들어지기 시작한 것은 엄격한 총기규제 때문에 실제 총기를 소지할 수 없었기 때문으로, 가지는 것도 보는 것도 불가능한 권총이지만 그것을 가지고 싶으며 조작하고 싶다는 욕망에 부응한 것이 바로 모델건이었다. 실탄발사기능을 없애는 대신 그 외의 부분은 최대한 실총에 가깝게 재현한 것,그것이 모델건의 본질이며 그것을 손에 넣은 사람이 "마치 실총 같다"고 느끼는 것, 그것이야말로 잘 만들어진 모델건이라 할 수 있다.

하지만 실총에 가깝게 만든다 하더라도 법의 규제를 받게 되어, 금속제 모델건은 사용할 수 있는 소재의 경도와 색상이 제한되었으며 총열 내부를 막아야 했다. 심지어 구조에도 제약이 가해지면서 실총을 재현하는 것은 한층 어렵게 되었고, 결국 모델건은 주로 수지 계열의 재료를 사용하는 형태가 되었다. 어떻게 본다면 모델건이 살아남기 위해 타협을 선택한 것이라고도 할 수 있다. 총열 내부를 막아야하는 규제와 색상의 규제를 안 받게 되더라도 중량감과 금속 소재 특유의 질감은 포기해야 했다. 수지 재료를 사용하여 실총의 느낌을 내려는 시도는 계속되었지만 만족할만한 결과물은 나오지 않았다.

2001년, 엘란은 리얼 맥코이즈의 뒤를 잇는 형태로 1911의 모델건을 만들기 시작했다. 이후 지금까지 엘란은 1911에 특화된 형태로 모델건

의 본질을 추구하고 있다. "마치 실총 같다!"는 느낌을 줄 수 있는 모델건을 목표로 타협하지 않는 길을 선택했다.

기계적 구조에 있어서도 실총의 느낌을 추구하고 있다. 모델건에 있어서는 생략되기 쉬운 자동 공이 잠금 안전장치를 시리즈'80에서 구현해 냈다. 골드컵 내셔널매치에서는 특유의 방아쇠 부품#Sear depressor#을 재현했다. 이러한 설계는 직접 실총을 분해해보지 않으면 이해하기 어려운 부분이다. 그리고 이러한 설계를 위해서는 필수적으로 비용 상승을 가져오게 된다. 하지만 엘란은 그러한 부담을 감수했다. 그것이야말로 실총에 가까운 모델건을 만드는 것이라고 믿었기 때문이다. 리얼한 느낌 뿐 만이 아니라 자동권총의 구조를 그대로 재현한 제품을 만든 것이다.

손에 들었을 때의 느낌을 좌우하는 중량감의 재현을 위해 실총과 거의 같은 비중의 수지를 이용했다. 실총과 비교해 본다면 거의 완벽한 중량을 실감할 수 있다. 여전히 수지 소재를 사용한다고 하더라도 실제 총기 특유의 질감을 재현한 수준도 대단히 높다. 제조 기법에 있어서도 절삭가공과 기계가공, 여기에 수작업 가공까지 더하여 완성도를 높였다.

슬라이드를 후퇴시키는 등의 동작을 했을 때의 작동음 역시 금속적인 느낌이기 때문에 이 제품이 수지 계열 재료로 만들어졌다는 이야

기를 듣지 않는다면 철로 만들어진 제품이라 믿을 정도이다. 그러한 중량감을 바탕으로 실총에 가까운 반동을 만들어내기도 한다.

블로우백의 경우에도 기존의 CP 카트리지에서부터 시작되어 많은 연구를 거쳐 높은 작동 신뢰성을 얻어냈다. 탄이 걸리거나 불발되는 일이 없이 100% 확실하게 작동할 수 있는 수준의 기술을 구현하였으며 더욱 강렬하고 큰 격발음과 총구 화염을 구현하기 위해 오랜 기간 노력한 끝에 더블캡 듀오 카트리지라는 결과물을 만들어냈다. 이로 인해 총구에서 불이 뿜어져 나올 때의 박력이 비약적으로 향상했다.

색상의 재현 역시 대단히 높은 수준이다. 실총 특유의 색상을 재현하기 위해 독자적인 코팅 기법을 개발하여 발매하는 모델에 따라 각기 다른 표면 처리를 적용하고 있다. 이번 봄에 발매되는 거버먼트 플레이 70은 1960년대에 우수한 장인의 손을 거친 매력적이고 기품있는 정통파 거버먼트 모델을 재현한 제품이다. 이러한 명품 재현이 가능한 것은 바로 독자적인 코팅 기술의 힘이다.

끊임없는 기술의 진화와 더욱 리얼한 모델건을 만들겠다는 집념이 엘란의 제품을 계속해서 진화하게 하는 원동력이다. 엘란의 제품을 손에 넣는 순간, 누구라도 생각할 것이다. "마치 실총 같다!"라고. 그것이야 말로 모델건의 본질인 것이다.

1911 유저라면 놓칠 수 없는 아이템이 바로 홀스터(총집)과 매거진 파우치(탄창집)이다. 소중한 1911을 확실하고 안전하게 휴대하면서 신속하고 정확하게 뽑아내기 위한 장비이다. 총 뿐 아니라 홀스터와 매거진 파우치 또한 제대로 갖출 수 있도록 카이덱스 Kydex, 홀스터 등에 많이 사용되는 아크릴계 PVC 수지 제품을 중심으로 1911에 적합한 홀스터와 매거진 파우치를 모아 보았다.

상품 문의 : TAC ELEMENT http://www.tac-element.com/

BLADE TECH
GM SIGNATURE OWB HOLSTER TEK-LOK

블레이드테크의 고전적인 디자인의 OWB 홀스터. 시그니쳐 모델은 폴리머 소재를 사용하여 비용을 낮췄으며 총기의 형태에 맞춘 몰드가 적용되어 있다. 벨트에 장착할 수 있는 벨트 마운트로 TEK-LOK이 장착되어 있다.

가격 : 6,558엔

◀블레이드테크가 개발한 벨트마운트인 TEK-LOK. 벨트에 맞춰 조절하는 스페이서 기능을 채택하여 폭 3.2 ~ 5.7cm의 벨트에 장착할 수 있다.

BLADE TECH
MARSOC M45A1 HOLSTER TEK-LOK

미 해병대가 제식 채용한 콜트 M45A1에 대응하는 오픈탑(덮개가 없는 방식) OWB 홀스터. 시그니쳐 모델과 디자인적으로 다소 차이가 있는 서멀 몰드 타입. 웨폰 라이트 비장착 모델에 대응된다.

가격 : 8,640엔

◀사진 왼쪽이 시그니쳐 타입이며 오른쪽이 서멀 몰드 타입. 질감과 몰딩 형태에 다소 차이가 있긴 하지만 양쪽 모두 총을 확실하게 고정해 준다.

BLADE TECH
GM ICE HOLSTER TEK-LOK

오픈탑 타입의 ICE 홀스터는 신속히 총을 뽑을 수 있도록 디자인된 IDPA와 IPSC의 리미티드 클래스와 프로덕션 클래스에 맞춘 홀스터이다. 벨트마운트에는 마찬가지로 TEK-LOK을 사용하고 있다.

가격 : 7,560엔

BLADE TECH
TOTAL ECLIPSE HOLSTER

좌우가 같은 부품으로 구성된 인젝션 몰드 타입의 팬케이크 홀스터. 좌우공용이며 각도를 조절할 수 있는 부품이 포함되어 있어서 기본 각도, FBI 방식의 각도 등을 고를 수 있다. IWBInside Weist Band 홀스터로도 활용할 수 있다.

가격 : 7,980엔

◀부속된 어태치먼트 부품을 사용하여 홀스터의 각도를 조절할 수 있으며 IWB 홀스터로도 사용할 수 있다. 좌우 어느 쪽에도 부착 가능한 것도 장점.

BLADE TECH
IWB KLIPT APPENDIX HOLSTER

가격 : 6,254엔

최근 들어 은닉 휴대용 홀스터로서 인기가 높아진 어펜딕스 타입 홀스터. 사진은 커맨더(4.25인치)용 모델이며 클립 방식의 허리띠 장착끈은 4.5cm 폭의 허리띠까지 대응이 가능하다.

BLADE TECH
M45A1/TLR WRS II LIGHT HOLSTER DD/OS Gen2

블레이드 테크만의 WRSWeapon Retention System을 채용한 라이트 홀스터. 콜트 M45A1에 스트림 라이트 TLR-1, 2 또는 ITI M3, M6 장착 시에 대응. 벨트 루프는 DD/OS Gen2가 포함되어 있다.

가격 : 16,524엔

◀엄지로 신속하게 해제할 수 있는 WRS. 신속히 총기 고정을 해제하고 뽑을 때는 물론이며 부드럽게 홀스터에 다시 집어넣는 동작에도 도움이 된다.

BLADE TECH
M45A1/TLR LEVEL2 DUTY LIGHT HOLSTER DD/OS Gen2 DE

고전적인 똑딱 단추 형태의 덮개를 채택한 홀스터. 이쪽도 스트림 라이트 TLR-1, 2 또는 ITI M3, M6 장착 시에 대응 가능하며, 홀스터 색상은 사막색. 벨트 루프는 DD/OS Gen2가 포함되어 있다.

가격 : 14,580엔

◀다양한 벨트 폭에 대응할 수 있는 옵션 타입의 DD/OS Gen2 벨트 루프. 각도는 3종류이다.

BLADE TECH
GM DOUBLE MAGAZINE POUCH TEK-LOK

가격 : 6,372엔

탄창을 2개 휴대할 수 있는 심플한 서멀 몰드 타입 더블 매거진 파우치. 벨트 루프는 TEK-LOK을 채택. 은닉 휴대와 일반 휴대까지 폭넓게 활용할 수 있다.

BLADE TECH
GM SIGNATURE SINGLE MAGAZINE POUCH

가격 : 3,240엔

1911의 기본 탄창 1개를 휴대할 수 있는 매거진 파우치. SIG P220의 탄창에도 대응 가능하다. 탄창을 휴대하고 사용하는데 있어서 최적의 디자인을 추구하였으며 벨트 루프는 TEK-LOK이 부속.

BLADE TECH
GM ECLIPSE SINGLE MAGAZINE POUCH

가격 : 3,996엔

팬케이크 스타일의 이클립스 홀스터와 같은 디자인 요소를 도입한 싱글 매거진 파우치. 은닉 휴대에 적합한 제품으로 벨트 루프는 착탈을 손쉽게 할 수 있는 퀵E 루프를 채택.

RCS
GM 1911 LAV SIGNATURE PACKAGE#3

색상 : 코요테 브라운   가격 : 52,290엔

미 육군 특수부대 델타포스 출신 교관인 래리 비커스와 RCSRaven Concealment Systems 의 콜라보레이션 모델. 1911용 홀스터 외에도 1911용 더블매거진 파우치, AR 탄창을 휴대할 수 있는 앰비매그 파우치 등으로 구성된 세트 제품으로 비커스 택티컬의 로고가 새겨져 있다. 벨트 루프는 RCS OWB QMSQuick Mount Strap이 부속되어 있다.

G-CODE
INCOG HOLSTER BK × BK

맥풀 다이나믹스 출신 트래비스 헤일리 산하의 HSP와의 콜라보레이션 모델. 카이덱스 소재 몸통에 표면에는 스웨이드 느낌의 합성소재를 사용했다. 벨트 바깥쪽과 안쪽에 모두 대응 가능하다.

가격 : 12,960엔

◀벨트 안쪽으로 장착한 모습. 벨트루프는 폭 3.8cm인 벨트에도 적용된다.

G-CODE
IWB MAG CARRIER

독특한 IWB 타입의 싱글 매거진 파우치. 벨트 루프의 각도를 조절할 수 있으며 좌우 양쪽에 대응한다. 벨트 루프는 4.5cm 폭의 벨트에도 부착 가능하며, 표면에는 스웨이드 질감의 합성소재를 사용했다.

가격 : 6,264엔

▶벨트에 장착한 모습. 벨트보다 낮게 위치하는 디자인으로 은닉 휴대 시에 특히 효과적이다.

G-CODE
INCOG MAG CADDY

INCOG 홀스터에 장착할 수 있는 싱글 매거진 파우치. 탄창 1개를 휴대할 수 있으며 좌우 대응에 높낮이도 조절할 수 있다. 홀스터와 마찬가지로 스웨이드 합성소재를 채택했다.

가격 : 8,100엔

▲INCOG 홀스터에 매그 캐디를 장착한 모습. 오른손잡이의 경우 매그캐디는 왼쪽에 장착한다.

ARES GEAR
AEGIS BELT

가격 : 실버×블랙 19,440엔, 실버×코요테 19,440엔
블랙×블랙 19,440엔, 블랙×코요테 15,120엔

맥풀 다이나믹스 출신인 크리스 코스타가 사용하여 유명해진 에어리즈 기어의 벨트. 이지스 벨트는 은닉 휴대에 적합한 3.8cm 폭의 나일론제 벨트와 스테인리스제 버클로 구성되어 있다.

1911 GOVERNMENT

거버먼트 마니악스

STAFF

Publisher

Daisuke Matsushita 마쓰시타 다이스케

Editor in Chief

Hitoshi Watanabe 와타나베 히토시

Associate Editor

Satoshi Matsuo 마쓰오 사토시

Field Editor

Hiro Soga 소가 히로
Shinnosuke Tanaka 다나카 신노스케
Yasunari Akita 아키타 야스나리
Daisuke Kana 가나 다이스케

Photographer

Hisayoshi Tamai 다마이 히사요시
Etsuo Morohoshi 모로호시 에쓰오
Toshiya Yoshifuji 요시후지 도시야
Turk Tanaka 터크 다나카

Design

CORE STUDIO

1911 GOVERNMENT 거버먼트 마니악스

초판 1쇄 인쇄 2018년 3월 10일
초판 1쇄 발행 2018년 3월 15일

저자 : 하비재팬 편집부
번역 : 이상언

펴낸이 : 이동섭
편집 : 이민규, 오세찬, 서찬웅
디자인 : 조세연, 백승주
영업 · 마케팅 : 송정환, 최상영
e-BOOK : 홍인표, 김영빈, 유재학, 최정수
관리 : 이윤미

㈜에이케이커뮤니케이션즈
등록 1996년 7월 9일(제302-1996-00026호)
주소 : 04002 서울 마포구 동교로 17안길 28, 2층
TEL : 02-702-7963~5 FAX : 02-702-7988
http://www.amusementkorea.co.kr

ISBN 979-11-274-1338-5 03390

1911 GOVERNMENT-GOVERNMENT MANIACS
©2017 HOBBY JAPAN
Originally Published in Japan 2017 by HOBBY JAPAN Co.Ltd.
Korea translation Copyright©2017 by AK Communications, Inc.